知りたい！サイエンス

灘中学入試問題を題材に、誰もが小学生のころから慣れ親しんでいる"整数"について読み解いていきます。解法のプロセスでは、意表をつくような発想法やものの見方がちりばめられています。問題をときながら、整数の奥深さ、面白さに迫ります。

ガウスとオイラーの整数論

吉田信夫＝著

中学入試算数が語るもの

技術評論社

まえがき

　　　『算数を例題に，初等整数論を語ってみよう！』

というのが本書のテーマです．

　例題の多くは，中学受験における西の横綱"灘中学校"の入試問題から選びました．「どんな難問が…」と不安に思われるかもしれませんが，実は，二日ある入試の問題レベルは

　　　　　●第1日：標準的な問題
　　　　　●第2日：本格的な難問

となっています．本書に掲載された問題の多くは第1日のものですので，それほど不安に思わないでください（一部はかなりの難問ですが…）．

　私は，関西地区で中高生に大学受験の数学指導をしており，灘校の生徒と触れ合う機会が多くあります．彼らの頭の構造に驚かされることがよくありますが，そのルーツとなっているのは，やはり，中学入試での算数の力でしょう．灘中算数の問題に目を通してみると，発想の柔軟性を求められる幾何の問題に加え，「大学入試問題に類題があるな」とか「整数論の問題じゃないか？」と思うような代数の問題を多く発見できます．「灘中算数を題材にして初等整数論を論じてみよう」と思えるほどです．

　本書では，ガウス，オイラー，フェルマーといった有名な数学者と関連がある内容に的を絞り，算数の問題を題材に整数論

(古典的な初等整数論)の世界を伝えていきます．扱うテーマは，以下のようなものです．

ガウス記号	合同式
中国の剰余定理	パスカルの三角形
オイラーの関数	フェルマーの小定理
オイラーの定理	循環小数の周期性

様々なテーマに触れながら進む先にある目的地は「循環小数の考察」になっています．

実は，本書執筆のキッカケは，"循環小数"を裏テーマとした灘中入試問題(問題20)との出会いなのです．

私は方程式の問題として解きました．その後，中学受験指導を担当する同僚から，「算数ではこう解くんだよ」と教わり，さらに，「裏から考えることができて，答えが一瞬で求まってしまう子もいるんだ！」と聞きました．その問題を解いて灘中に合格した生徒に聞いてみると，「あんなん，すぐに分かるやん!?」と，裏からの解法が返ってきました．

彼らは直感的に分かっているのですが，このままでは悔しいので，「答えが分かるモト」を整数論的に説明しようと考えました(もちろん，中学生にでも理解できるように)．

説明には多くの概念を必要とするのですが，幸いにも，それらを解説するための算数の例題を，すべて灘中入試から見つけるこ

とができたのです（さすが灘！）．

問題20に到るまで，横道に逸れながらも，着実に理論を積み上げていきます．その過程には，大人にとっても手強い灘中の問題達や，少々長い証明を要する公式など，いくつかの関門が待ち構えています．できるだけ手と頭を動かしながら，これらをクリアしていってください．

また，古典的整数問題には，解決までに300年以上を要した有名な「フェルマーの最終定理」があります．算数ではないですが，大学入試で一部が出題されることがあります．"フェルマーつながり"により最終章でその一部を紹介します．

※算数では負の数を扱いませんので，「0以上の整数」を「整数」と呼んでいます．また，正の整数は「自然数」といいます．本書では，「整数」というときには0や負の整数も含めることとします．ただし，算数の問題文はそのまま掲載していますので，注意してください．

★本書に登場する数学者

オイラー	1707〜1783	（スイス）
ガウス	1777〜1855	（ドイツ）
フェルマー	1601(?)〜1665	（フランス）
パスカル	1623〜1662	（フランス）

ユークリッド（エウクレイデス）

　　　　紀元前365(?)〜紀元前275(?)　（古代ギリシャ）

研伸館　数学科

吉田　信夫

Contents

まえがき ……………………………………………………………………3

01 ガウス記号と等差数列の和 …………… 10

- 問題 1 ガウス記号の処理と"ペア"の発想を用いる和の計算
- 問題 2 "等差数列の和"の公式による計算の応用
- 重要事項 ●ガウス記号 ●発想"ペアを作って考える"
  ●等差数列の和の公式

02 中国の剰余定理と合同式 ………………… 28

- 問題 3 余りに関する条件の扱い方
- 問題 4 割り算と小数の性質
- 問題 5 中国の剰余定理の使い方
- 重要事項 ●中国の剰余定理 ●ユークリッドの互除法
  ●合同式 ●数学的帰納法

03 組合せといくつかの重要発想 ……………… 59

- 問題 6 組み分け方法の数え方
- 問題 7 数え方の工夫と全体を見通した計算法
- 問題 8 全体を見通した計算法と対称性の利用
- 重要事項 ●順列, 組合せ, 階乗 ●発想"対称性と特殊性を見抜く"
  ●発想"否定を利用して考える" ●発想"全体を見通して考える"

04 パスカルの三角形と二項定理① ………… 85

- 問題 9 最短経路の個数の数え方
- 問題 10 個数変化の法則とパスカルの三角形
- 重要事項 ●パスカルの三角形 ●組合せが満たす法則
  ●二項定理

05 パスカルの三角形と二項定理② ………… 105

- 問題 11 組合せの値に関する法則
- 重要事項 ●パスカルの三角形で見つかる諸法則
  ●階乗の中に含まれるある素因数の個数

06 倍数判定と倍数の配置 ………… 123

- 問題 12 27で割り切れ, 81で割り切れない条件
- 問題 13 999で割り切れる条件
- 問題 14 各位の数が1, 2, 3, 4, 5, 6になる64の倍数
- 問題 15 倍数の分布を周期で把握
- 重要事項 ●3, 9, 7, 11の倍数判定法 ●倍数の分布

07 約数とオイラーの関数 ………… 140

- 問題 16 約数と単位分数分解
- 問題 17 72の約数の総和とオイラーの関数の値
- 重要事項 ●約数の個数と総和 ●等比数列の和の公式
  ●オイラーの関数とその性質

08 余りの周期とフェルマーの小定理 167

- 問題 18 等差数列を12で割った余りの周期
- 問題 19 等比数列の1の位の周期
- 重要事項 ●フェルマーの小定理 ●オイラーの定理
  ●等比数列を割った余りの周期

09 循環小数の徹底研究 192

- 問題 20 位の入れ替えと分母999999の分数
- 問題 21 循環小数を意識した約分計算
- 問題 22 循環小数と分数の関係のまとめ
- 重要事項 ●覆面算 ●分数と循環小数 ●極限, 無限級数
  ●小数点の移動と分子変化 ●循環小数の循環長

10 フェルマーの最終定理 227

- 問題 23 フェルマーの最終定理の $n=4$ の場合
- 重要事項 ●フェルマーの最終定理 ●背理法
  ●無限降下法

あとがき 246
索　引 248
参考文献 250

01 ガウス記号と等差数列の和

本章の目的は、ガウス記号に慣れることと、等差数列の和の公式を使いこなすことで、"整数論"に向けての準備段階です。では、さっそく、ガウス記号の確認から。

予備知識

不要な部分は読み飛ばしてください

ガウス記号 [ ] の確認

ガウス記号 [ ] を

$[x] = (x$ をこえない整数のうち、最も大きいもの$)$

と定めます。例えば、

$$[2.1] = 2, \ [3] = 3, \ [\pi] = 3$$

です。言い換えると、

$[x] = (x$ 以下の最大の整数$)$

となり、こちらの方が分かりやすいかもしれません。

負の数についても考えてみましょう。

例えば、$x = -12.34$ の場合、

$$-13 \leqq -12.34 < -12$$

$$\therefore \ [-12.34] = -13$$

です(-12 ではありません!)。

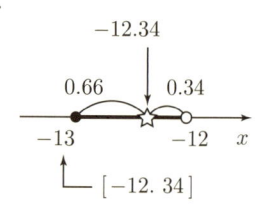

一般に，整数nに対して，$[x] = n$となるようなxは
$$n \leqq x < n+1$$
の範囲にあるもので，

$$[x] = \begin{cases} \vdots \\ -1 & (-1 \leqq x < 0) \\ 0 & (0 \leqq x < 1) \\ 1 & (1 \leqq x < 2) \\ 2 & (2 \leqq x < 3) \\ \vdots \end{cases}$$

です．これをグラフ化すると，図のように**階段状**のものになります．

また，$[x]$を"xの**整数部分**"と呼んで，

$$x - [x] = (x\text{の小数部分})$$

と呼びます．例えば，$x = 3.3$では，$[3.3] = 3$より，

$$(3.3\text{の小数部分}) = 3.3 - 3 = 0.3$$

です．では，

◉ −12.34の小数部分は？

$[-12.34] = -13$より，

$$(-12.34\text{の小数部分}) = -12.34 - (-13) = 0.66$$

です．誤って -0.34 や 0.34 などと考えてはダメです！

小数部分 $y = x - [x]$ のグラフは下のように周期的になります．

$n \leqq x < n + 1$

で小数部分が $0 \sim 1$ を直線的に
変化しているからです．

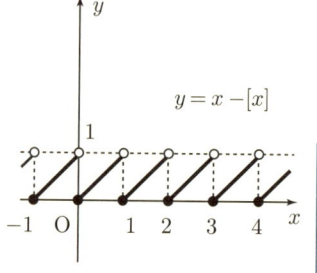

ガウス記号が登場する灘中入試算数の問題を見てみましょう．本書の中でも上位に入る難問ですが，面白い問題なので，しっかり考えてみてください．

問題 1
2010灘中第2日[3]

数 x に対して，x を超えない整数のうち，最も大きいものを $[x]$ で表します．例えば $[3.3]=3$, $[4]=4$ です．

(1) (ア) $\left[\dfrac{20}{7}\right]+\left[\dfrac{2010}{7}\right]=\boxed{}$

   (イ) $\left[\dfrac{30}{7}\right]+\left[\dfrac{2000}{7}\right]=\boxed{}$

(2) 次の計算をしなさい．
$$\left[\dfrac{20}{7}\right]+\left[\dfrac{30}{7}\right]+\left[\dfrac{40}{7}\right]+\cdots\cdots+\left[\dfrac{2000}{7}\right]+\left[\dfrac{2010}{7}\right]$$

(3) 次の20個の整数の中に，全部で $\boxed{}$ 種類の整数があります．
$$\left[\dfrac{1\times1}{20}\right],\left[\dfrac{2\times2}{20}\right],\left[\dfrac{3\times3}{20}\right],\cdots\cdots\cdots,\left[\dfrac{20\times20}{20}\right]$$

(4) 次の2010個の整数の中に，全部で何種類の整数がありますか．
$$\left[\dfrac{1\times1}{68}\right],\left[\dfrac{2\times2}{68}\right],\left[\dfrac{3\times3}{68}\right],\cdots\cdots\cdots,\left[\dfrac{2010\times2010}{68}\right]$$

→ 困ったら解答中の **ヒント** を見てください！

解答

(1) **ヒント** [ ]で書かれた数を具体的な整数値にしましょう！

ガウス記号を外すと，(ア) は

$$\frac{20}{7} = 2 + \frac{6}{7}, \ \frac{2010}{7} = 287 + \frac{1}{7}$$

$$\therefore \ \left[\frac{20}{7}\right] + \left[\frac{2010}{7}\right] = 2 + 287 = 289 \quad \langle こたえ \rangle$$

となり，(イ) は

$$\frac{30}{7} = 4 + \frac{2}{7}, \ \frac{2000}{7} = 285 + \frac{5}{7}$$

$$\therefore \ \left[\frac{30}{7}\right] + \left[\frac{2000}{7}\right] = 4 + 285 = 289 \quad \langle こたえ \rangle$$

となります．

(2) **ヒント** (1) を利用しますが，少しヒッカケがあります．

$$\left[\frac{20}{7}\right] + \left[\frac{30}{7}\right] + \left[\frac{40}{7}\right] + \cdots\cdots + \left[\frac{2000}{7}\right] + \left[\frac{2010}{7}\right]$$

「最初と最後」，「2番目と最後から2番目」，…とペアにしていきます．分子だけ書いてみると

$$(20, 2010), (30, 2000), \cdots\cdots, (1010, 1020)$$

というふうに，和が2030になる2つがペアになります（こんなペアは全部で100組あります）．よって，一旦，ガウス記号を無視したら，次のように，どのペアも和は一定です．

$$\frac{20}{7}+\frac{2010}{7}=\frac{2030}{7}=290, \quad \frac{30}{7}+\frac{2000}{7}=\frac{2030}{7}=290,$$

$$\frac{40}{7}+\frac{1990}{7}=\frac{2030}{7}=290, \cdots$$

(1)のように[ ]を付けると,どの**ペア**も和が289になるのでしょうか？

実は,これは**間違っています**！

例えば,$a+b=5$のとき,$[a]+[b]$は

$a=2, b=3 \quad \Rightarrow \quad [a]+[b]=2+3=5,$

$a=1.9, b=3.1 \quad \Rightarrow \quad [a]+[b]=1+3=4$

などで,a, bとも整数のときだけは5です.

この問題の場合,

$(70, 1960), (140, 1890), \cdots\cdots, (980, 1050)$

の**ペア**で[ ]内がともに整数になり,[ ]の和は,例えば

$$\frac{70}{7}=10, \ \frac{1960}{7}=280$$

$$\therefore \ \left[\frac{70}{7}\right]+\left[\frac{1960}{7}\right]=10+280=290$$

のように,すべて290になります.このような**ペア**は

$$980=70 \cdot 14$$

より,14組あります.

ペアの和がすべて289であれば,100組分で$289 \cdot 100$です

が，14 組分の $+1$ を考えて，求める和は，
$$289 \cdot 100 + 14 = 28914 \quad \langle こたえ \rangle$$
です．

→ 『289が86個，290が14個あるので，
$$289 \cdot 86 + 290 \cdot 14 = 28914$$
です』というふうに足してもよいけれど，上のように100を掛ける方が計算は楽ですね．

(3) **ヒント** 20個くらいなら何とかできますね!?

"シラミつぶし"すると，

$$\left[\frac{1}{20}\right] = \left[\frac{4}{20}\right] = \left[\frac{9}{20}\right] = \left[\frac{16}{20}\right] = 0, \ \left[\frac{25}{20}\right] = \left[\frac{36}{20}\right] = 1,$$

$$\left[\frac{49}{20}\right] = 2, \ \left[\frac{64}{20}\right] = 3, \ \left[\frac{81}{20}\right] = 4, \ \left[\frac{100}{20}\right] = 5,$$

$$\left[\frac{121}{20}\right] = 6, \ \left[\frac{144}{20}\right] = 7, \ \left[\frac{169}{20}\right] = 8, \ \left[\frac{196}{20}\right] = 9,$$

$$\left[\frac{225}{20}\right] = 11, \ \left[\frac{256}{20}\right] = 12, \ \left[\frac{289}{20}\right] = 14, \ \left[\frac{324}{20}\right] = 16,$$

$$\left[\frac{361}{20}\right] = 18, \ \left[\frac{400}{20}\right] = 20$$

より，〈こたえ〉は16種類です．

→ これでは(4)につながらないので，間接的に個数を数える別解を挙げておきましょう．

(3) の別解 ▶▶▶

図で●はグラフ上の点，☆は[ ]の値を表しています．

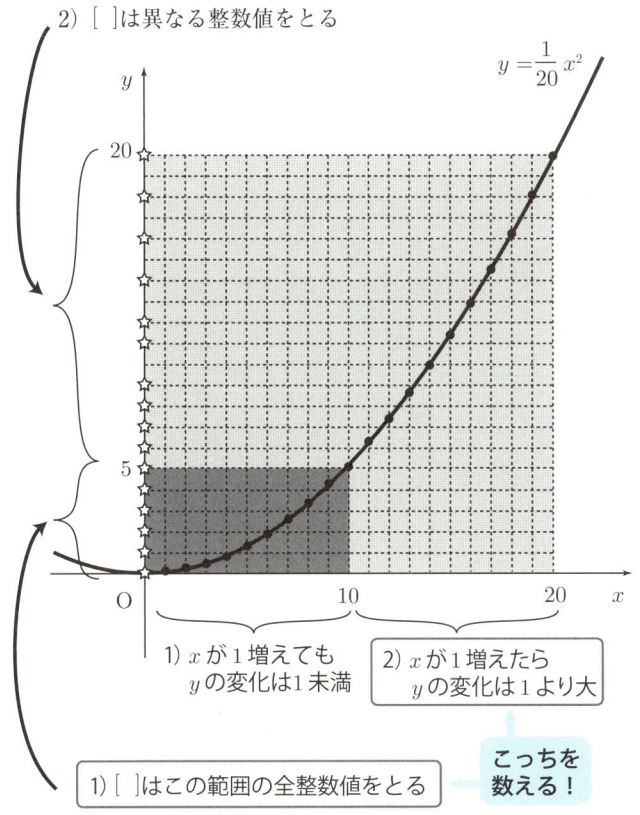

図より，以下のように考えることができます．

1) x が小さいとき，x と $x+1$ での y 座標の差は 1 より小さいため，[ ] の値は x と $x+1$ で 0 か 1 しか変化しません．

2) x が大きいとき,x と $x+1$ での y 座標の差は 1 より大きいため,[ ] の値は x と $x+1$ で1以上変化します.

分母が 20 なので,

1) $(x+1)^2 - x^2 \leqq 20$
   $\therefore\ x \leqq 9$

$(x+1)^2 - x^2 = 2x+1$

2) $(x+1)^2 - x^2 > 20$
   $\therefore\ x \geqq 10$

です.よって,1) と 2) の分かれ目は $x = 10$ です.

1) $x = 10$ で $y = 5$ より,$\left[\dfrac{100}{20}\right] = 5$ なので,$1 \leqq x \leqq 10$ の範囲の x に対して,[ ] は,

$$0,\ 1,\ 2,\ 3,\ 4,\ 5$$

の 6 通りの値をとります.

2) $11 \leqq x \leqq 20$ に対しては,[ ] の値はすべて異なるので,

$$20 - 11 + 1 = 10 \text{ 通り}$$

の値をとります.

よって,〈こたえ〉は 16 種類です.

(4) **ヒント** (3)の別解の方法で考えましょう.

分子の差($(x+1)^2 - x^2 = 2x+1$)と分母の 68 を比べて,

1) $2x+1 \leqq 68 \ \Leftrightarrow\ x \leqq 33$
2) $2x+1 > 68 \ \Leftrightarrow\ x \geqq 34$

です．分子 $34 \cdot 34$ 以降は，$[\ ]$ の値がどんどん変化します．

1)
$$\left[\frac{34 \cdot 34}{68}\right] = \left[\frac{34}{2}\right] = 17$$

より，$1 \leqq x \leqq 34$ で，$[\ ]$ の値は
$$0,\ 1,\ 2,\ \cdots\cdots,\ 17$$
をすべてとります（18種類）．

2) $35 \leqq x \leqq 2010$ では，$[\ ]$ の値はすべて異なり，
$$2010 - 35 + 1 = 1976 \text{ 通り}$$
の値をとります．

よって，種類は全部で
$$18 + 1976 = 1994 \quad \langle\text{こたえ}\rangle$$
です．

解答ここまで

1問目から難問でしたね．自力で完答できれば，かなりの実力の持ち主です！次の練習問題でガウス記号にもっと慣れましょう．その中で，**ペア**の考え方を使えるでしょうか…

問題 2

$$\left[\frac{1}{3}\right]+\left[\frac{2}{3}\right]+\left[\frac{3}{3}\right]+\left[\frac{4}{3}\right]+\cdots\cdots+\left[\frac{36}{3}\right]+\left[\frac{37}{3}\right]$$

を求めよ.

→ 困ったら解答中の ヒント を見てください！

解答

ヒント [ ]を外した後, 足し算しますが, 要領よく計算しましょう！

[ ]を外すと,

$$0, 0, 1, 1, 1, 2, 2, 2, 3, \cdots\cdots, 11, 12, 12$$

です.『12も3個あることにして足した後に, 12を引く』と考えましょう.

$1+2+3+4+\cdots\cdots+9+10+11+12=S$とおくと, 逆に並べたものと**ペア**を作って計算して,

$$\begin{array}{r}S=1+2+3+4+\cdots\cdots+9+10+11+12\\ +)\,S=12+11+10+9+\cdots\cdots+4+3+2+1\\ \hline \downarrow\downarrow\downarrow\downarrow\downarrow\downarrow\downarrow\downarrow\\ \therefore\;2S=13+13+13+13\cdots\cdots+13+13+13+13\\ =12\cdot 13\end{array}$$

となります.

よって,総和は

$$3(1+2+\cdots\cdots+11+12)-12$$
$$=3S-12$$
$$=3\cdot\frac{12\cdot13}{2}-12=222 \quad \langle こたえ \rangle$$

です.

解答ここまで

「最初と最後」,「2番目と最後から2番目」,…として「**ペアの和が一定**」となることを利用しました.これは,何度も使う発想です.

 発想1. ペアを作って考える

この発想を用いて,以下の公式が得られます.

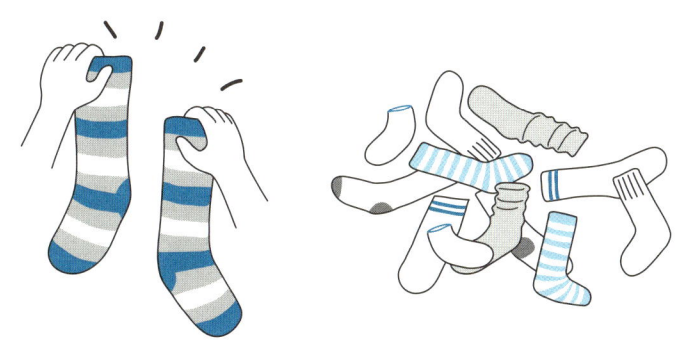

公式 ❶ 等差数列の和の公式

初項 a, 公差 d の等差数列

$$a_1 = a, \ a_2 = a+d, \ a_3 = a+2d, \cdots\cdots$$
$$\cdots\cdots, \ a_n = a+(n-1)d$$

の和を計算する公式 (n 個の和)

$$a + (a+d) + (a+2d) + \cdots\cdots + \{a+(n-1)d\}$$
$$= \frac{n(a_1+a_n)}{2}$$
$$= \frac{n\{2a+(n-1)d\}}{2}$$

等差数列では

$$a_1 = a$$
$$a_2 = a+d$$
$$a_3 = a+d+d$$
$$a_4 = a+d+d+d$$
$$\cdots\cdots$$

というように，"a に d を (番号) -1 個加えた数"が並んでいます．

これを一般的に書いたものが

$$a_n = a + (n-1)d \quad (n=1, 2, 3, \cdots\cdots)$$

です．

念のために和の公式 ❶ を証明しておきましょう．

証明

例えば $n=4$ の場合,求める和を S とおくと,逆に並べたものとペアを作って計算して,

$$
\begin{array}{r}
S = a + (a+d) + (a+2d) + (a+3d) \\
+)\ S = (a+3d) + (a+2d) + (a+d) + a \\
\hline
2S = (2a+3d) + (2a+3d) + (2a+3d) + (2a+3d) \\
= 4(2a+3d)
\end{array}
$$

となり,

$$2a + 3d = a + (a+3d) = a_1 + a_4$$

$$\therefore\ 2S = 4(a_1 + a_4)$$

です.両辺を 2 で割ると,公式の形になります.

同様に n 個の和 S は,逆に並べたものとペアを作って計算して,

$$
\begin{array}{r}
S = a + (a+d) + \cdots\cdots + \{a+(n-1)d\} \\
+)\ S = \{a+(n-1)d\} + \cdots\cdots + (a+d) + a \\
\hline
2S = \{2a+(n-1)d\} + \cdots\cdots + \{2a+(n-1)d\} \\
= n\{2a+(n-1)d\}
\end{array}
$$

となり,

$$2a + (n-1)d = a + \{a+(n-1)d\} = a_1 + a_n$$

$$\therefore\ 2S = n(a_1 + a_n)$$

です.両辺を 2 で割ると,公式の形になります.

証明おわり

これからn個の自然数の和の公式

$$1+2+3+\cdots\cdots+n=\frac{n(n+1)}{2}$$

が得られます（公式❶で$a=d=1$とすれば良い）．

『「1から50まで足してみよ」と問われた幼いガウスが一瞬で答えを出してしまい，出題した教師を驚かせた』という逸話が有名です．ガウスが求めた値は，$n=50$より，

$$\frac{50(50+1)}{2}=1275$$

です．

もう1つ，面白い例をやってみましょう．等差数列の和の公式を利用して，奇数の和

$$S=1+3+5+7+\cdots\cdots+19$$

を求めることはできますか？

$$1=2\cdot1-1,\ 3=2\cdot2-1,\ \cdots\cdots,\ 19=2\cdot10-1$$

より，初項1，公差2の等差数列の10個の和です．

よって，公式❶で$n=10$, $a=1$, $d=2$として，

$$S=\frac{10(1+19)}{2}=10^2=100$$

です．実は1から順に奇数をn個加えると，面白い計算結果になります．図のように，正方形状にブロックを並べていると考える

ことができるからです．

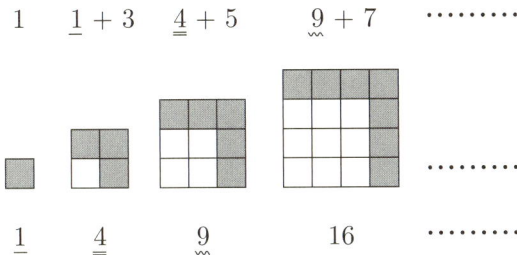

よって，1から順に奇数をn個足すと『n^2』になります！「美しいな」と思える結果ですね．

では，第1章のまとめとして，問題1(2)の

$$\left[\frac{20}{7}\right]+\left[\frac{30}{7}\right]+\left[\frac{40}{7}\right]+\cdots\cdots+\left[\frac{2000}{7}\right]+\left[\frac{2010}{7}\right]$$

を公式❶で計算する別解を挙げておきましょう．

問題1(2)の別解 ▶▶▶

周期性を見抜いて計算しましょう．

$$\left[\frac{x+70}{7}\right]=\left[\frac{x}{7}+10\right]=\left[\frac{x}{7}\right]+10$$

に注意して，縦に7個ずつ並べると，

01 | ガウス記号と等差数列の和

$\left[\dfrac{20}{7}\right]=2,\ \left[\dfrac{90}{7}\right]=12,\ \cdots\cdots,\ \left[\dfrac{1910}{7}\right]=272,\ \left[\dfrac{1980}{7}\right]=282$

$\left[\dfrac{30}{7}\right]=4,\ \left[\dfrac{100}{7}\right]=14,\ \cdots\cdots,\ \left[\dfrac{1920}{7}\right]=274,\ \left[\dfrac{1990}{7}\right]=284$

$\left[\dfrac{40}{7}\right]=5,\ \left[\dfrac{110}{7}\right]=15,\ \cdots\cdots,\ \left[\dfrac{1930}{7}\right]=275,\ \left[\dfrac{2000}{7}\right]=285$

$\left[\dfrac{50}{7}\right]=7,\ \left[\dfrac{120}{7}\right]=17,\ \cdots\cdots,\ \left[\dfrac{1940}{7}\right]=277,\ \left[\dfrac{2010}{7}\right]=287$

$\left[\dfrac{60}{7}\right]=8,\ \left[\dfrac{130}{7}\right]=18,\ \cdots\cdots,\ \left[\dfrac{1950}{7}\right]=278,\ \cancel{\left[\dfrac{2020}{7}\right]=288}$

$\left[\dfrac{70}{7}\right]=10,\ \left[\dfrac{140}{7}\right]=20,\ \cdots\cdots,\ \left[\dfrac{1960}{7}\right]=280,\ \cancel{\left[\dfrac{2030}{7}\right]=290}$

$\left[\dfrac{80}{7}\right]=11,\ \left[\dfrac{150}{7}\right]=21,\ \cdots\cdots,\ \left[\dfrac{1970}{7}\right]=281,\ \cancel{\left[\dfrac{2040}{7}\right]=291}$

$$\underbrace{\hspace{10cm}}_{29個}$$

となります(キリの良いところまで並べ,後で3つ消します).

本当は200個の和ですが,最後に3つ(288, 290, 291)を加えておくと,各等差数列の項数が

$$(200+3)\div 7 = 29 個$$

に揃い，計算しやすくなります（最後にその3つを引きます）．

7つの行それぞれが等差数列（$d=10$）ですが，まず，列ごとに足してみます．1列目にある初項の7つをまとめると

$$2+4+5+7+8+10+11=47$$

となります．次に，2列目にある第2項の7つをまとめると，

$$(2+10)+(4+10)+\cdots\cdots+(11+10)=\boxed{47}+\text{⑦⓪}$$

となっており，これが繰り返されるので，列ごとに足していくと，公差が⑦⓪の等差数列

$$47,\ 47+70,\ 47+70+70,\ \cdots\cdots$$

になります．29項の和（$n=29,\ a=47,\ d=70$）を計算してから，余分な3つ288, 290, 291を引くことで，求める和は，

$$\frac{29(2\cdot 47+28\cdot 70)}{2}-(288+290+291)$$
$$=28914\quad \langle こたえ\rangle$$

です．

---

(1)の誘導がなかったら，こちらの解法の方が自然でしょう．

＊＊＊

第1章の目的は「ガウス記号と等差数列に慣れる」と「『**ペア**を作る』という重要な発想を知る」でした．

02 中国の剰余定理と合同式

　本章では，余りの条件を扱う中で「**中国の剰余定理**」という公式と，「合同式」という"整数論"での表記法を紹介します．いずれも本書の核心に近づくために必須のものです．抽象度が増しますが，しっかり理解してください．その中で「**数学的帰納法**」という証明法を紹介します．

問題 3

2008灘中第1日[3]

　17で割ると3余り，13で割ると7余る3桁の整数で最も大きいものは □ である．

→ 困ったら解答中の ヒント を見てください！

解答

> **ヒント** 等差数列を利用します．そして17, 13で割った余りの情報を，ある数で割った余りの情報にまとめます．

　17で割って3余る数は，公差が17の等差数列になります．

$$3, 20, 37, 54, 71, 88, 105,$$
$$122, 139, 156, 173, 190, 207,$$
$$224, 241, 258, 275, 292, 309, 326, \cdots\cdots$$

ヒントに書いた**ある数**とは $17 \cdot 13 = 221$ のことです.
221 で割った余りは, 順に

$$3, 20, 37, 54, 71, 88, 105,$$
$$122, 139, 156, 173, 190, 207,$$
$$3, 20, 37, 54, 71, 88, 105, \cdots\cdots$$

となります.

3 行目が 1 行目と同じですが, これはたまたまでしょうか?

もちろん必然です. なぜなら公差の 17 を 13 個分加えたら $17 \cdot 13 = 221$ になるからです. つまり, 13 個を 1 つの周期として

$$3, 20, 37, 54, 71, 88, 105,$$
$$122, 139, 156, 173, 190, 207$$

が繰り返される, と分かります(今後は「周期 13」といいます).

同様に, 13 で割って 7 余る数は公差 13 の等差数列で, これらを $17 \cdot 13 = 221$ で割った余りは, 周期 17 になります.

$$7, 20, 33, 46, 59, 72, 85, 98, 111, 124,$$
$$137, 150, 163, 176, 189, 202, 215$$

13 個の数と 17 個の数には共通のものが 1 つだけあります.

◉共通している 20 にはどんな意味がある？

『17で割ると3余り，13で割ると7余る整数』は，どちらのグループにも属する数なので，

『221で割ると20余る整数』

と言い換えることができるのです．そのような数を並べると，

$$20, 241, 462, 683, 904, 1125, \cdots\cdots$$

という初項20，公差221の等差数列です．ですから，3桁で最大のものは

904 〈こたえ〉

です．

→ 最後の部分は，並べなくても分かります．

n番目が

$$20 + 221(n-1) = 221n - 201$$

なので，1000未満で最大のものを求めると，

$$221n - 201 < 1000 \quad つまり \quad 221n < 1201$$

を満たすnは$n \leqq 5$です．よって，$n=5$のときの

$$221 \cdot 5 - 201 = 904$$

がこたえです．

解答ここまで

さきほどの解答の主要部は「17で割ると3余り，13で割ると7余る」を

「221で割ると20余る」

と言い換えるところでした．大事なのは，

『221で割った余りが**1種類に決まったこと**』

です．これは，一般的に成り立つ公式として知られています．
　ちょっと変わった名前の公式ですが，本書の核心に近づくためには，避けては通れない重要公式です．

公式 ❷　中国の剰余定理

　m, n は互いに素な自然数とする．
　整数 x は，m で割ると a 余り，n で割ると b 余るとする．
　すると，x を mn で割った余りは1つに決まる．

　『m で割った余りと n で割った余りが分かれば，mn で割った余りは1つに決まる』という公式です．
　先ほどの問題では，

「20は17で割って3余り，13で割って7余る」

ことに気付いたら，この公式❷を使えば，考えるべきものは

「221で割ると20余る数」

だと分かるのです．便利ですね！

公式❷の証明は後ほど（少し知識の確認が必要なので）．

予備知識

不要な部分は読み飛ばしてください

互いに素の確認

mとnが「**互いに素**」とは，『最大公約数が1』という意味です．このとき，最小公倍数はmnになります．

例えば，4と7は互いに素，1と3は互いに素ですが，4と6は互いに素ではありません．

4と7を例にして考えます．これらの最小公倍数は28です．

また，整数x, yが$4x = 7y$を満たすとき，左辺が4の倍数で，右辺が7の倍数なので，全体として28の倍数です．ゆえに，

$$4x = 7y = 28z \ (z：整数)$$
$$\therefore \ x = 7z, y = 4z$$

となります．つまり，xは7の倍数，yは4の倍数で，しかも，4と7が互いに素なので，zはx, yの最大公約数です．

次は，最大公約数の情報を活かすために重要な事実です．証明は省略しますが，説明の過程で納得できるはずです！

> 1) m, n が互いに素であるとき,整数 x, y を用いて
> $$1 = mx + ny$$
> と表すことができる.
> 2) m, n の最大公約数を $d\,(d>0)$ とすると,整数 x, y を用いて
> $$d = mx + ny$$
> と表すことができる(上の 1) は $d=1$ の場合になる).

簡単にまとめると,『$mx + ny$ の形で表せる整数は,d の倍数のみだ』ということです(当たり前ですが,重要です).

ゆえに,「m, n が互いに素」とは,

『整数 x, y を用いて $1 = mx + ny$ と表せる』

ということと同じです.例えば,$m=4, n=7$ では

$$1 = 4 \cdot 2 + 7 \cdot (-1) = 4 \cdot (-5) + 7 \cdot 3 = \cdots\cdots$$

とできますが,表し方は 1 通りではないことに注意です!

互いに素ではない例として,$m=4, n=6$(最大公約数は 2)を考えます.このとき,整数 x, y に対して,必ず

$$4x + 6y = (偶数)$$

ですから,この形で 1 を表すことはできません.しかし,最大公約数の 2 は

$$2 = 2 \cdot 4 + (-1) \cdot 6$$

と表せます(もちろん,表し方は他にもあります).

「表し方」について考えてみましょう.

$m = 4$, $n = 7$のとき,

$$1 = 4 \cdot 2 + 7 \cdot (-1) \quad \text{つまり} \quad (x, y) = (2, -1)$$

というのが1つの表し方です.これを用いて,

$$1 = 4x + 7y \quad \cdots\cdots\cdots \quad (*)$$

を満たす(x, y)の組を他にも探してみましょう.

$$(x, y) = (2, -1), (9, -5), (16, -9), \cdots\cdots$$

などは$(*)$を満たしています.また,

$$(x, y) = (-5, 3), (-12, 7), \cdots\cdots$$

なども$(*)$を満たしています.

●どんな法則が働いているのか?

実は,図のように$(7, -4)$刻みで$(*)$を満たすものが現れています.

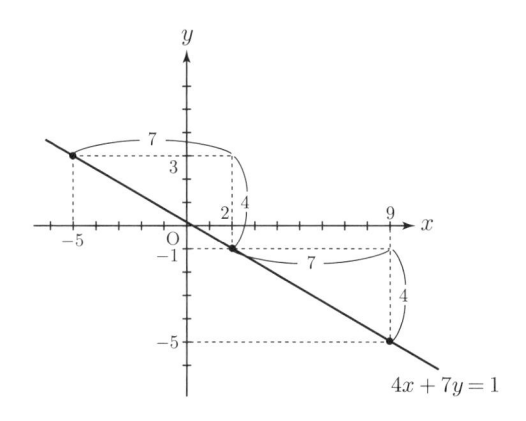

$$(9,\ -5) = (2 + \underline{7},\ -1 - \underline{4}),$$
$$(16,\ -9) = (2 + 2 \cdot \underline{7},\ -1 + 2 \cdot (-\underline{4}))$$

などと考えることができて，$(*)$ を満たすことは，

$$4\,(2\underline{+7}) + 7\,(-1\underline{-4}) = 2 \cdot 4 + (-1) \cdot 7 \underline{+ 28 - 28} = 1,$$
$$4\,(2\underline{+14}) + 7\,(-1\underline{-8}) = 2 \cdot 4 + (-1) \cdot 7 \underline{+ 56 - 56} = 1$$

から納得できます．一般に，$(*)$ を満たすものは

$$(x,\ y) = (2 + \underline{7}k,\ -1 - \underline{4}k)\ (k:整数)$$

です．

　以上から，$d = mx + ny$ を満たす組 $(x,\ y)$ を1つ見つければ，すべてが見つかると分かりました．あとは，『最大公約数の探し方』と『1つ目の見つけ方』が分かれば，何がきても怖くないですね！これについて有名な方法があります．

ユークリッドの互除法

m, n の最大公約数 d を探すには…

1) $\quad a_0 = (m, n \text{の大きい方}),$
$\quad\quad a_1 = (m, n \text{の小さい方})$

とおく．

2) a_{k-1} を a_k で割った余りを a_{k+1} とおく (k：自然数)．

3) $a_0 > a_1 > a_2 > \cdots \geqq 0$ を満たす整数なので，いつかは
$a_{l+1} = 0$ (つまり a_{l-1} が a_l で割り切れる) となる．
このとき，$a_l = d$ である ($a_0 \sim a_{l-1}$ は a_l の倍数)．

これに関しては，具体例で説明するにとどめます．解答をしっかり読んで理解してください．

例題

12345 と 1234 の最大公約数 d を求め，
$$12345x + 1234y = d$$
となる整数 x, y を求めよ．

解答

$$a_0 = \underline{12345},\ a_1 = \underline{1234}$$

において，割り算を繰り返すと，

$$\underline{12345} = 10 \cdot \underline{1234} + \underline{\underline{5}} \quad \cdots ①$$

$$\therefore\ a_2 = \underline{\underline{5}}$$

$$\underline{\underline{1234}} = 246 \cdot \underline{\underline{5}} + \underline{\cdot\cdot 4} \quad \cdots ②$$

$$\therefore\ a_3 = \underline{\cdot\cdot 4}$$

$$5 = 1 \cdot 4 + \underline{1} \quad \cdots ③$$

$$\therefore\ a_4 = \underline{1}$$

$$4 = 4 \cdot \underline{1} \quad \text{割り切れた！}$$

$$\therefore\ a_5 = 0$$

となります．よって，最大公約数は

$$d = a_4 = \underline{1} \quad \text{〈こたえ〉}$$

です（つまり 12345, 1234 は互いに素）．

このとき，③から，

$$1 = 5 - 4$$

となり，これに②を代入して4を消去すると，

$$1 = 5 - (1234 - 246 \cdot 5) = 247 \cdot 5 - 1234$$

です．さらに，①を代入して5を消去すると，

$$1 = 247 \cdot (12345 - 10 \cdot 1234) - 1234$$
$$= 247 \cdot 12345 - 2471 \cdot 1234$$
$$\therefore \quad (x, y) = (247, -2471)$$

が一例となります. $\boxed{\underline{12345}x + \underline{1234}y}$

$(\underline{1234}, -\underline{12345})$ 刻みに解があるので，すべてを挙げると，

$$(x, y) = (247 + \underline{1234}k, \; -2471 - \underline{12345}k) \quad \langle こたえ \rangle$$

です (k：整数).

解答ここまで

互いに素に関しての確認は以上です．これから何度も出てくる重要概念なので，ちょっと長くなってしまいました．

公式❷ (**中国の剰余定理**) の証明は，もう少し先送りして，それを利用する問題を先にやります．「互いに素」を意識しましょう！

問題 4
2010灘中第1日[8]

11で割ると小数第2位が3になり，13で割ると小数第1位が6になる整数を考えます．このうち最も小さいものは□で，2番目に小さいものとの差は□です．

→ 困ったら解答中の ヒント を見てください！

解答

ヒント 割り算でも，余りでなく，小数で考えなければなりません．11で割るなら，1 〜 10を調べればOKですね！

10以下の自然数1, 2, 3, ………, 10を11で割ると

① 0.0909………，② 0.1818………，③ 0.2727………，
④ 0.3636………，⑤ 0.4545………，⑥ 0.5454………，
⑦ 0.6363………，⑧ 0.7272………，⑨ 0.8181………，
⑩ 0.9090………

です．よって，11で割って小数第2位が3になる整数は，11で割って7余る整数です．

12以下の自然数1, 2, 3,………, 12を13で割ると

① 0.0769………，② 0.1538………，③ 0.2307………，
④ 0.3076………，⑤ 0.3846………，⑥ 0.4615………，

02 | 中国の剰余定理と合同式　39

⑦ $0.5384\cdots\cdots$, ⑧ $0.6153\cdots\cdots$, ⑨ $0.6923\cdots\cdots$,
⑩ $0.7692\cdots\cdots$, ⑪ $0.8461\cdots\cdots$, ⑫ $0.9230\cdots\cdots$

です．よって，<u>13で割って小数第1位が6になる整数</u>は，<u>13で割って8または9余る整数</u>です．

11と13は互いに素なので，中国の剰余定理を用いることができて，$11 \cdot 13 = 143$で割った余りを考えることになります．

11で割って7余る数で，143以下のものは

$$7,\ 18,\ 29,\ 40,\ 51,\ 62,\ 73,\ 84,\ 95,\ 106,$$
$$117,\ 128,\ 139$$

という等差数列です．このうち，13で割って8余るのは73で，9余るのは139です（$73 = 5 \cdot 13 + 8$, $139 = 10 \cdot 13 + 9$）．

よって，考えるべき数は，143で割った余りが73または139になる整数です（公式❷より，他にはありません！）．

よって，最も小さいものは

$$73 \quad \langle こたえ \rangle$$

であり，2番目に小さい139との差は

$$139 - 73 = 66 \quad \langle こたえ \rangle$$

です．

➡ 安易に考えて，差を143としてはいないでしょうか？

最も小さいものと 3 番目に小さいものの差なら 143 になります．実際，題意を満たす整数を並べていくと，

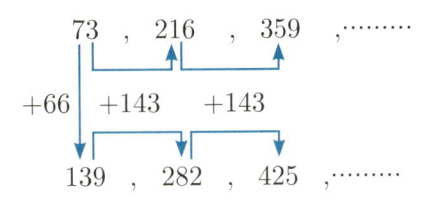

$$73\ ,\ 216\ ,\ 359\ ,\cdots\cdots$$

$+66$ $+143$ $+143$

$$139\ ,\ 282\ ,\ 425\ ,\cdots\cdots$$

となります．2 つのグループに分かれるんですね．

解答ここまで

ここまで，「○で割って余りが△となる整数」と書き続けてきましたが，これを略記する方法があるのです．ガウスが作った記号で，**"合同式"** と呼ばれるものです．

記号の定義

整数 a, b を p で割った余りが等しいことを
$$a \equiv b \pmod{p}$$
と表す（"a, b は p を法として合同"という）．

本書を通じてマスターしてほしい重要な記号です．ずっと使い続けますので，しっかり理解してください．

予備知識

> 不要な部分は読み飛ばしてください

合同式の確認

例えば,mod 3 について考えましょう.

$$1, 2, 3, 4, 5, 6, 7, 8, 9, 10, 11, 12, 13, 14,$$
$$15, 16, 17, 18, 19, 20, \cdots\cdots$$

を3で割った余りで分類すると,差が3ずつの

○3, 6, 9, 12, 15, 18, …………:余り0
○1, 4, 7, 10, 13, 16, 19,………:余り1
○2, 5, 8, 11, 14, 17, 20, ………:余り2

という3つのグループに分かれます.

2つの整数 a, b が同じグループに属することを

$$a \equiv b \pmod{3}$$

と表すのです(0や負の整数でも同様).

mod 3の場合なら,各グループに0, 1, 2のいずれかが含まれるので,「これらと合同」という表記をすると分かりやすいですね. 例えば,mod 3 で

$\pm 3, \pm 6, \pm 9, \pm 12, \pm 15, \pm 18, \pm 21, \cdots\cdots \equiv 0$
$-11, -8, -5, -2, 1, 4, 7, 10, 13, \cdots\cdots\cdots \equiv 1$
$-10, -7, -4, -1, 2, 5, 8, 11, 14, \cdots\cdots\cdots \equiv 2$

です．他には，例えば…

「aは偶数」　　⇔　「$a \equiv 0 \pmod{2}$」

「aは奇数」　　⇔　「$a \equiv 1 \pmod{2}$」

「aは11の倍数」　⇔　「$a \equiv 0 \pmod{11}$」

「aを11で割った余りが7」　⇔　「$a \equiv 7 \pmod{11}$」

計算法則などの補足事項が本章の章末にあります．まだ不安がある場合は，先にそちらに進んでください．

では，合同式を用いて公式❷を書き直し，証明しましょう．

公式❷　中国の剰余定理

m, nは互いに素な自然数とする．

$x \equiv a \pmod{m}$ かつ $x \equiv b \pmod{n}$ を満たす整数xはmnを法としてただ1つ存在する．

まず，証明のあらすじを確認するために

$$x \equiv a \pmod{5},\ x \equiv b \pmod{7}$$

を解きましょう．つまり

「5で割った余りがaで，7で割った余りがbとなるx」

を見つけます．

5と7は互いに素なので，

$$5p + 7q = 1 \quad \cdots\cdots\cdots \text{ (\#)}$$

となる整数 p, q の組があります．例えば，

$$\boxed{5 \cdot (-4)} + \boxed{7 \cdot 3} = 1 \quad \therefore \quad (p, q) = (-4, 3)$$

です．-20 と 21 に注目して

$$x = \boxed{21} a \boxed{- 20} b$$

とおいてみます．すると，これがこたえです．

実際に確認してみると，

$$21 \equiv 1, \ -20 \equiv 0 \ (\mathrm{mod} \ 5)$$

に注意したら，

$$x \equiv 1 \cdot a + 0 \cdot b = a \ (\mathrm{mod} \ 5)$$

が成り立つことが分かります．同様に

$$x \equiv b \ (\mathrm{mod} \ 7)$$

も分かります．よって，$x = 21a - 20b$ は

$$x \equiv a \ (\mathrm{mod} \ 5), \ x \equiv b \ (\mathrm{mod} \ 7)$$

を満たしています．

一般に，この方法で x を作れます．これでうまくいく理由と「ただ 1 つ」をどう示すかは，証明本文で確認してください．

では，証明してみましょう！

証明

互いに素な m, n に対し,
$$mp + nq = 1 \quad \cdots\cdots (\#)$$
となる整数 p, q が存在することは,先ほど述べました.

実は,このような p, q を用いて
$$x = anq + bmp$$
とおけば,
$$x \equiv a \pmod{m}, \ x \equiv b \pmod{n}$$
が成り立ち,求めたい x の例になります.

「何がなんだか…」となるので,説明していきます.

(i) 解の存在

まず,$A = nq$ とおくと,(#) で mp を移項することで,
$$A = 1 - mp = nq$$
となります.ゆえに,
$$A = 1 - mp \equiv 1 \pmod{m} \quad (\because \ m \equiv 0)$$
$$A = nq \equiv 0 \pmod{n} \quad\quad (\because \ n \equiv 0)$$
です.次に,$B = mp$ とおくと,同様にして,
$$B = mp = 1 - nq$$
$$\therefore \ B = mp \equiv 0 \pmod{m} \quad\quad (\because \ m \equiv 0)$$
$$B = 1 - nq \equiv 1 \pmod{n} \quad (\because \ n \equiv 0)$$

となります．よって，$x = aA + bB$ とおけば，

$$x \equiv a \pmod{m} \quad (\because A \equiv 1,\ B \equiv 0)$$
$$x \equiv b \pmod{n} \quad (\because A \equiv 0,\ B \equiv 1)$$

であり，これで解の存在が分かりました．

(ii) 解の一意性

引き続き，一意性について考えます．つまり，先ほどの x と異なる整数 y で

$$y \equiv a \pmod{m},\ y \equiv b \pmod{n}$$

となるものがあれば，

$$y \equiv x \pmod{mn}$$

となってほしいのです．

そんな y があれば，

$$y - x \equiv 0 \pmod{m},\ y - x \equiv 0 \pmod{n}$$

です．つまり，$y-x$ は，「m の倍数でしかも n の倍数」になり，m と n が互いに素なので，「m, n の最小公倍数 mn の倍数」ということになります．つまり，

$$y - x \equiv 0 \quad \therefore \quad y \equiv x \pmod{mn}$$

です．

(i),(ii) から **公式 ❷** は示されました．

証明おわり

$$x \equiv a \pmod{m} \quad かつ \quad x \equiv b \pmod{n}$$

を満たす x の求め方が，証明の過程から分かりました．

$$pm + qn = 1 \ (p, q：整数)$$

となる p, q を用いて，

$$x = b(pm) + a(qn) \quad \cdots\cdots\cdots \quad (☆)$$

と表されるもののみ $\pmod{mn}$.

公式❷を繰り返し用いて，以下が分かります．

公式❸ 一般的な中国の剰余定理

$m_1, m_2, \cdots\cdots, m_p$ を，どの2つも互いに素な自然数とすると，任意の整数 $a_1, a_2, \cdots\cdots, a_p$ に対し連立合同式

$$x \equiv a_1 \pmod{m_1}$$
$$x \equiv a_2 \pmod{m_2}$$
$$\cdots\cdots$$
$$x \equiv a_p \pmod{m_p}$$

を満たす整数 x は $m_1 m_2 \cdots\cdots m_p$ を法としてただ1つ存在する．

公式❸の証明の概要を見てもらうために，次の問題を解いてみましょう．ただし，公式❷だけを使って解きます！

問題 5　　　　　　　　　　1993灘中第1日[7]

ある本を読むのに，1日5ページずつ読むと4ページ残り，7ページずつ読むと5ページ残り，9ページずつ読むと6ページ残るという．この本は □ ページである．

ただし，この本は200ページ以下とする．

→ 困ったら解答中の ヒント を見てください！

解答

ヒント　最初の2つから，1日35ページずつ読むと何ページ残るか分かります！

連立合同式

$$x \equiv 4 \pmod{5} \quad \cdots\cdots\cdots ①$$
$$x \equiv 5 \pmod{7} \quad \cdots\cdots\cdots ②$$
$$x \equiv 6 \pmod{9} \quad \cdots\cdots\cdots ③$$

を満たす x を求める問題です．

まず，① かつ ②を mod 35 に書き直します．

$5x + 7y$ の形で1を表すと，

$$1 = -4\cdot 5 + 3\cdot 7$$

とできるので，先ほどの($\star$)より， $\boxed{-16+35=19}$

$$x = 4\cdot 21 + 5\cdot(-20) = -16 \equiv 19 \pmod{35}$$

が①かつ②を満たすものです．公式❷（**中国の剰余定理**）より，他にはないから，

$$① \text{ かつ } ② \Leftrightarrow x \equiv 19 \pmod{35}$$

です（1日35ページでは19ページ残る，ということです）．

引き続き，連立合同式

$$x \equiv 19 \pmod{35},\ x \equiv 6 \pmod 9$$

を解きます． $\boxed{35\cdot 9 = 315}$

これを mod 315 にするため，$35x + 9y$ の形で1を表すと，

$$1 = -1\cdot 35 + 4\cdot 9$$

とできるので，先ほどの($\star$)より， $\boxed{474-315=159}$

$$x = 19\cdot 36 + 6\cdot(-35) = 474 \equiv 159 \pmod{315}$$

が上記を満たすものです．公式❷（**中国の剰余定理**）より，他にはないから，

$$① \text{ かつ } ② \text{ かつ } ③ \Leftrightarrow x \equiv 159 \pmod{315}$$

です（1日315ページでは159ページ残る，ということです）．

$$x = 159,\ 159+315,\ 159+2\cdot315,\ \cdots\cdots$$

ですが，$0 < x \leqq 200$ と分かっているので，

$$x = 159 \quad \langle\text{こたえ}\rangle$$

です．

|解答ここまで|

公式❸は，本書の核心近くでも用いる重要公式です．

証明は簡単です．公式❷を使うと，3個の連立を2個の連立に帰着できました．連立の個数を減らすことを繰り返せば，一般的に公式❸(**一般の中国の剰余定理**)を証明できます．

「2個の連立では成立(公式❷)」

「2個の連立で成立すれば，3個の連立でも成立」

「3個の連立で成立すれば，4個の連立でも成立」

………

を**永久に繰り返す**ことができて，「何個の連立でも成立」が得られた，ということです．この論法は**数学的帰納法**と呼ばれ，数学を代表する論法です．

中国の剰余定理の証明に数学的帰納を適用する場合，

> Ⅰ) 2個の連立での成立を証明する
> Ⅱ) 『k個の連立での成立が証明可能なら，$k+1$個の連立での成立も証明可能である』を証明する

という2段階の構成です．この2つができれば「何個の連立でも

成立」が得られたことになります．つまり，

1) Ⅰ)から2個はOK
2) Ⅱ)と1)から3個はOK
3) Ⅱ)と2)から4個はOK
　………

を**無限に繰り返す**ことで，「何個でもOK」と分かるのです．

「**無限に繰り返せば証明できる**」という論法を数学的帰納法と言いますが，実は，上記は数学的帰納法の適用例としては少し特殊なパターンです．今後，何度も使う論法なので，オーソドックスな例を1つやっておきます．

例題

すべての自然数nに対して
$$1+2+3+\cdots\cdots+n=\frac{n(n+1)}{2}$$
が成り立つことを数学的帰納法で示せ．

→ 解答前の証明の流れを確認してください！

Ⅰ)$n=1$のときに成立することを確認する

Ⅱ)『$n=k$の式を使えば$n=k+1$の式を証明できる』ことを確認する

数学的帰納法の論法（**無限に繰り返す**）により，『どんなnでも成り立つことが示せた』ことになる！

解答

Ⅰ) $n=1$ のとき,

$$(左辺) = 1, \ (右辺) = \frac{1(1+1)}{2} = 1$$

より，成り立ちます．

Ⅱ) $n=k$ (k：自然数) のときに

$$1+2+3+\cdots\cdots+k = \frac{k(k+1)}{2}$$

が成り立つことが分かれば，これを利用して，

$$1+2+3+\cdots\cdots+k+(k+1) = \frac{k(k+1)}{2}+(k+1)$$
$$= \frac{k(k+1)+2(k+1)}{2} = \frac{(k+1)(k+2)}{2}$$

となるので，$n=k+1$ でも成り立つこと (つまり，同じ法則で和を計算できること) が分かります．

Ⅰ)，Ⅱ) から，数学的帰納法により，すべての自然数 n で成り立つことが示されました．

解答ここまで

合同式に関する補足事項

割り算の意味の確認から.

> 整数 a を自然数 n で割った商 Q, 余り R とは
> $$a = nQ + R \ (0 \leq R \leq n-1)$$
> となる整数 Q, R のことである.

例えば, -5 を 3 で割ったら,

$$-5 = -2 \cdot 3 + 1$$

より, 商 -2, 余り 1 です.

頑張って商と余りを式で表してみましょう.

$$a = nQ + R \ (0 \leq R \leq n-1)$$

において, ガウス記号を用いると,

$$Q = \left[\frac{a}{n}\right], \ R = a - n\left[\frac{a}{n}\right]$$

となっています. [ ] 内に分数があれば, "商" を表しています. これも, 後で使う機会があります.

では, 合同式の意味を再確認しておきましょう.

例えば, 10 を 3 で割った余りは 1 であり, 28 を 3 で割った余りも 1 ですから, この様子を

$$10 \equiv 28 \equiv -5 \equiv 1 \pmod{3}$$

と表記するのでした.

では,和,差,積の余りの計算を思い出しましょう.12, 39 を 5 で割った余りはそれぞれ <u>2</u>, <u>4</u> です.

では,ここで問題です.

『$12 + 39,\ 12 - 39,\ 12 \cdot 39$ を 5 で割った余りは?』

直接計算すると,

和:$12 + 39 = 51 = 50 + 1$ → 余り 1
差:$12 - 39 = -27 = -30 + 3$ → 余り 3
積:$12 \cdot 39 = 468 = 465 + 3$ → 余り 3

ですが,こんなことをすると大変です.

例えば,和の場合は,$12 + 39$ の代わりに,余りの和を考えて

和:<u>2</u> + <u>4</u> = 6 = 5 + 1 → 余り 1

とすれば良いのです.差と積も同様に

差:<u>2</u> − <u>4</u> = −2 = −5 + 3 → 余り 3
積:<u>2</u>・<u>4</u> = 8 = 5 + 3 → 余り 3

とすれば良いのです.

これを合同式で書くと,次のような形にまとまります.

合同式の計算法則

a, b, c, d は整数,n は自然数とする.
$a \equiv b, c \equiv d \pmod{n}$ のとき,
$$a + c \equiv b + d \pmod{n}$$
$$a - c \equiv b - d \pmod{n}$$
$$a \cdot c \equiv b \cdot d \pmod{n}$$
である.

しかし,商に関しては,分数が整数になるとは限らないので考えません.

● 割り算などのような計算はできないか?

例題

以下を満たす整数 x を mod 5 で特定せよ.
(1) $3x \equiv 1 \pmod{5}$
(2) $x^2 \equiv 2 \pmod{5}$
(3) $x^2 \equiv -1 \pmod{5}$

誤答 (こうやってはいけません!)

(1) $x \equiv \dfrac{1}{3} \pmod{5}$
(2) $x \equiv \pm\sqrt{2} \pmod{5}$
(3) $x \equiv \pm i \pmod{5}$

合同式は整数にしか使えません!

解答

(1) $$3 \cdot 2 - 5 = 1 \quad \therefore \quad 3 \cdot 2 \equiv 1 \pmod{5}$$

より,両辺に2をかけて

$$x \equiv 2 \pmod{5} \quad \langle こたえ \rangle$$

です.

→ 3に掛けて1と合同になる数2は「3の**逆元**」といいます.

(2), (3) mod 5で分類すると,

x	0	1	2	3	4
x^2	0	1	4	4	1

となります.よって,$x^2 \equiv 2 \pmod{5}$ は

解なし 〈こたえ〉

です.また,$-1 \equiv 4$ より,

$$x^2 \equiv -1 \quad \Leftrightarrow \quad x \equiv 2, 3 \pmod{5} \quad \langle こたえ \rangle$$

です.

解答ここまで

---

(1)で見たように,2はmod 5での3の逆元でした.これが見つかったから,(1)は解けたのです.

$$5x \equiv 1 \pmod{10}$$

はどうでしょう?

5の逆元を探すわけですが，mod 10で分類すると，

x	0	1	2	3	4	5	6	7	8	9
$5x$	0	5	0	5	0	5	0	5	0	5

となり，解は存在しません（mod 10で5の逆元はない！）．

●逆元の有無は何で決まるか？

"mod 5で3" は有，"mod 10で5" は無．

実は，互いに素かどうかで決まってしまいます．

mとnが互いに素とは，

『$mp+nq=1$となる整数p, qが存在する』

と同義でした．このとき，

$$mp \equiv 1 \pmod{n}$$

となっていますから，pはmod nでのmの逆元です．

逆に考えて，m, nが互いに素でなければ逆元は存在しないことが分かります．

最後にmod 2を見ておきましょう．

例えば，

$$100 \equiv -6 \equiv 4 \equiv -18 \equiv 2 \equiv 28 \equiv -2 \equiv 0 \pmod{2}$$
$$101 \equiv -5 \equiv 5 \equiv -17 \equiv 3 \equiv 29 \equiv -1 \equiv 1 \pmod{2}$$

のように，すべては0または1と合同です．偶数は0で奇数が1です．よって，以下のような計算ができます．

$$\text{和}：1+1 \equiv 0,\ 1+0 \equiv 1,\ 0+0 \equiv 0$$
$$\text{差}：1-1 \equiv 0,\ 1-0 \equiv 1,\ 0-1 \equiv 1,\ 0+0 \equiv 0$$
$$\text{積}：1 \cdot 1 \equiv 1,\ 1 \cdot 0 \equiv 0,\ 0 \cdot 0 \equiv 0$$

これは，

『奇数と奇数の和は偶数』

などを意味しているのです．

      ＊＊＊

　重要概念が目白押しの第2章は，これで終わりです．何度も言いますが，本章の知識は，本書の主題 問題20 に到る過程で何度も繰り返し用います．いつでも引用できるようにしておいてください！

03

組合せといくつかの重要発想

　第3章では，ものの個数を数える問題（場合の数）で登場する数え方を確認します．さらに，数学全般を通じて重要な3つの **発想** も紹介します（重要発想は出尽くします）．

　では，数え方の基本から．

予備知識

（不要な部分は読み飛ばしてください）

組合せ記号などの確認

　例えば，a, b, c, d, e, f, g から3つを選ぶ方法は，

$$\frac{7 \cdot 6 \cdot 5}{3 \cdot 2 \cdot 1} = 35 \text{ 通り}$$

あります（これを $_7C_3$ と書き，「**組合せ**」の1つです）．

　考え方は…

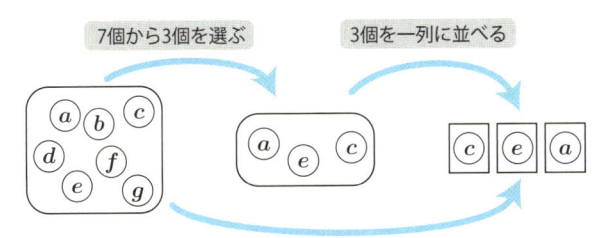

7個から3個を選ぶ　　　3個を一列に並べる

7個から3個を選び，一列に並べる

まず，7つから3つを選んで並べる方法は，

$$7 \cdot 6 \cdot 5 \text{ 通り}$$

あります（これを $_7\mathrm{P}_3$ と書き，「**順列**」の1つです）．計算法は以下のように考えています．

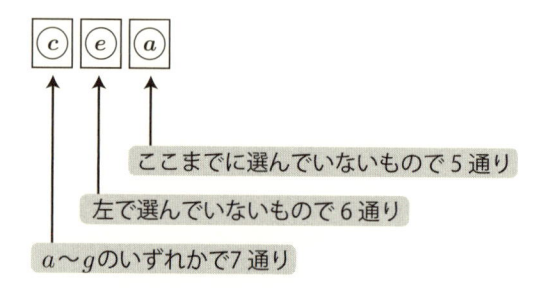

```
┌─┐┌─┐┌─┐
│c││e││a│
└─┘└─┘└─┘
 ↑  ↑  ↑
 │  │  └─ ここまでに選んでいないもので5通り
 │  └──── 左で選んでいないもので6通り
 └─────── a〜gのいずれかで7通り
```

次に，7つから3つ選んだとき，3つを並べる方法は，

$$3 \cdot 2 \cdot 1 \text{ 通り}$$

あります（これを3!と書き，「**階乗**」と読みます）．

よって，選び方は

$$(\text{選び方}) \cdot (3 \cdot 2 \cdot 1) = 7 \cdot 6 \cdot 5$$

$$\therefore \quad (\text{選び方}) = \frac{7 \cdot 6 \cdot 5}{3 \cdot 2 \cdot 1} = 35$$

$\rightarrow {}_7\mathrm{C}_3$：上は **7** から順に **3** 個の積（**7**・6・5）
　　　　　下は **3**!

となります．ちなみに，

$$_7C_3 = \frac{7\cdot 6\cdot 5}{3\cdot 2\cdot 1} = \frac{7\cdot 6\cdot 5 \times 4\cdot 3\cdot 2\cdot 1}{3\cdot 2\cdot 1 \times 4\cdot 3\cdot 2\cdot 1} = \frac{7!}{3!\,4!}$$

です．同様に，

$$_7C_4 = \frac{7\cdot 6\cdot 5\cdot 4}{4\cdot 3\cdot 2\cdot 1} = \frac{7\cdot 6\cdot 5\cdot 4 \times 3\cdot 2\cdot 1}{4\cdot 3\cdot 2\cdot 1 \times 3\cdot 2\cdot 1} = \frac{7!}{4!\,3!}$$

なので，ある法則が見つかります．

その法則とは，

$$_7C_3 = {}_7C_4 \quad \cdots\cdots\cdots \text{(\$)}$$

です．(\$)が成立する理由は，次のように考えても良いでしょう．

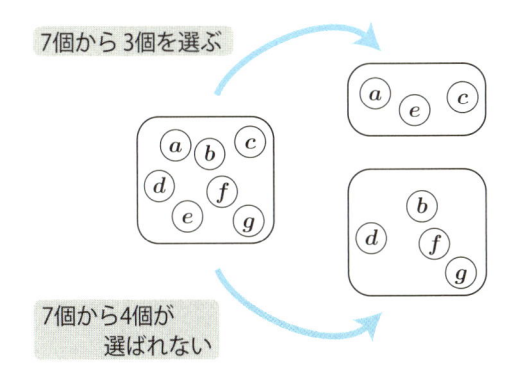

（7つから3つ選ぶ）
＝（7つから選ばれない4つを選ぶ）

同様に考えると，一般に，

$$_m\mathrm{C}_n = {}_m\mathrm{C}_{m-n}$$

が成り立ちます.

さて,ここで質問です.

◉『0!はどんな値でしょうか?』

『0! = 1』と知っている人もいるでしょう.もちろん,正解ですが,なぜ0! = 1なんでしょうか?実は,ちゃんとした理由があります.キーワードは"整合性"です.

一般に $_m\mathrm{C}_n = \dfrac{m!}{n!(m-n)!}$ ですから,

$$_m\mathrm{C}_n = \frac{m!}{m!0!}$$

が意味をなしてくれなければ,ここだけイレギュラー扱いになります.そんな気持ち悪いことは許されないので,

$$『0! = 1』$$

と定めるのです.整合性を重視しているんですね(あとで同じような定め方がもう1つ登場します).

これらの記号は高校で習うものですが,中学受験する小学生は習っているんです.驚きですね!

次に,組合せを利用する場合の数の問題として,「組分け」を

やってみたいのですが，問題に入る前に，考え方を確認しておく必要があります．

ルール

組を作る問題では，組の区別は付けないで考えます．

ちょっと例を見ておきましょう．

例えば，①,②,③,④を2組に分けることを考えます．

まず，1個と3個からなる2組 {( ) ( )} に分けるとします．

{(①) (②③④)}, {(②) (①③④)},
{(③) (①②④)}, {(④) (①②③)}

分け方はこの4通りです．人数が違うので，"結果的"に組に区別がついています．

次に，2個ずつの2組 {( ) ( )} に分ける方法は，

{(①②) (③④)}, {(①③) (②④)}, {(①④) (②③)}

の3通りです．ここで注意することは，例えば，

$$\{(①②) (③④)\} = \{(③④) (①②)\}$$

と考えなければならないということです．これが「組の区別を付けない」ということです．

「2個ずつの2組」の分け方を計算で求めるには…

1組，2組と勝手に区別しておいたら，分け方は，

（1組メンバーの選び方）

　　×（残りの人から2組メンバーの選び方）

$$= {}_4C_2 \cdot {}_2C_2 = 6 \text{通り}$$

です．しかし，実際は区別してはいけないので，組の名付け方の

$$2! = 2 \text{通り}$$

で割って，こたえは3通りです．

これを踏まえて，問題に進みます．

問題 6　　　　　　　　　　　　　　　2008灘中第2日[3]

　第一中学校の先生Aと生徒ア，第二中学校の先生Bと生徒イ，第三中学校の先生Cと生徒ウ，第四中学校の先生Dと生徒エの8人が集まった．この8人で2人ずつ4つの組を作るとき，次の各問いに答えよ．

(1) 4つの組の作り方は全部で何通りあるか．

(2) どの組も先生と生徒の組合せになる4つの組の作り方は全部で何通りあるか．

(3) どの組も異なる中学校から来た人の組合せになる4つの組の作り方は全部で何通りあるか．

→ 困ったら解答中の ヒント を見てください！

解答

(1) **ヒント** 先ほどの例を参考にしてください．

まず，組に1〜4までの名前を付けると，作り方は

$(8人 \to 2人) \cdot (6人 \to 2人) \cdot (4人 \to 2人) \cdot (2人 \to 2人)$

$= {}_8C_2 \cdot {}_6C_2 \cdot {}_4C_2 \cdot {}_2C_2$

$= 28 \cdot 15 \cdot 6 \cdot 1$ 通り

になります．しかし，組に名前はないので，例えば，

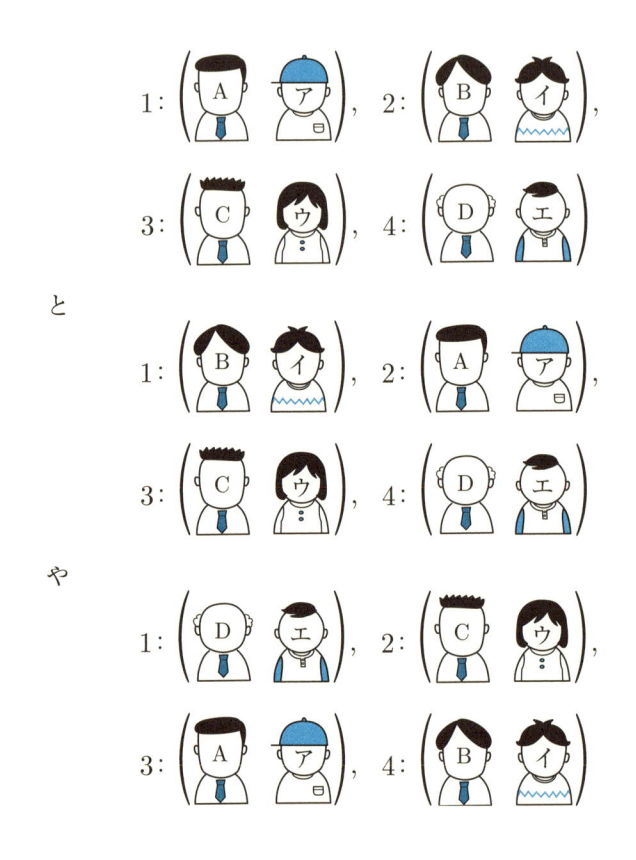

$$1:\begin{pmatrix} A & ア \end{pmatrix}, \quad 2:\begin{pmatrix} B & イ \end{pmatrix},$$

$$3:\begin{pmatrix} C & ウ \end{pmatrix}, \quad 4:\begin{pmatrix} D & エ \end{pmatrix}$$

と

$$1:\begin{pmatrix} B & イ \end{pmatrix}, \quad 2:\begin{pmatrix} A & ア \end{pmatrix},$$

$$3:\begin{pmatrix} C & ウ \end{pmatrix}, \quad 4:\begin{pmatrix} D & エ \end{pmatrix}$$

や

$$1:\begin{pmatrix} D & エ \end{pmatrix}, \quad 2:\begin{pmatrix} C & ウ \end{pmatrix},$$

$$3:\begin{pmatrix} A & ア \end{pmatrix}, \quad 4:\begin{pmatrix} B & イ \end{pmatrix}$$

などは同じ作り方と考えるルールでした．入れ替え方は

$$4! = 4 \cdot 3 \cdot 2 \cdot 1 \text{ 通り}$$

あるので，求める作り方の個数は

$$\frac{28 \cdot 15 \cdot 6 \cdot 1}{4 \cdot 3 \cdot 2 \cdot 1} = 105 \quad \langle こたえ \rangle$$

です．

→ どうせ約分されるのだから，手間を省くために，かけ算は後回しにしました！

(2) **ヒント** 先生を先に入れておけば，組に区別が付きます．

先生を先に入れて，生徒をくっつけていきます．

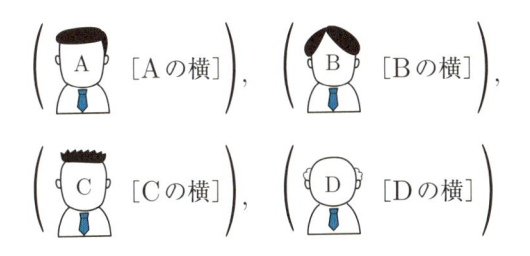

（A [Aの横]），（B [Bの横]），（C [Cの横]），（D [Dの横]）

の4ヶ所に ア，イ，ウ，エ の4人を並べていくと考えれば良いので，

$$4! = 24 通り \quad 〈こたえ〉$$

です．

→ 「どちらを先に入れるか？」と考えることで，思考中の優先順位をつけています．これは，(3)の「場合分け」につながる処理方法です．

(3) **ヒント** まず誰か1人に注目．その人と組になるのを誰にしても，残りの6人の組分け方法は同数です（対称性）．

まず，(A)に注目します．同じ中学の(ア)以外の6人の誰かとなら組になれます．大事なのは，それが誰であっても，**残りの作り方は同数だということです**．

例えば，それが(B)の場合を考えます．そして，そのときの作り方の個数を6倍すれば，求めるこたえになります．

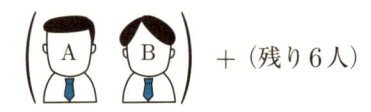

$$\left(\text{(A)}\quad \text{(B)}\right) + (残り6人)$$

次に，すでに組に入った(A)と同じ中学の(ア)と組になる人に注目します．しかし，先ほどのような**単純な対称性はありません**．つまり，(ア)と組になるのが，(イ)であるか，否かが重要な分かれ目になります（**特殊性**）．

1) アとイが組になるとき

$$\left(\text{(A)}\quad \text{(B)}\right), \left(\text{(ア)}\quad \text{(イ)}\right) + (残り4人)$$

残りの4人からなる2組の作り方は，(C)と(ウ)を違う組

に入れておき，

$$\left(\begin{array}{c}A\end{array}[Cの横]\right), \left(\begin{array}{c}ウ\end{array}[ウの横]\right)$$

の2ヶ所に D, エ の2人を並べていくと考えれば良いので，組分けの個数は

$$2通り$$

です．

2) アとイが組にならないとき

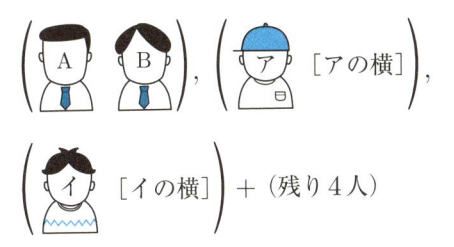

$$\left(\begin{array}{cc}A & B\end{array}\right), \left(\begin{array}{c}ア\end{array}[アの横]\right),$$

$$\left(\begin{array}{c}イ\end{array}[イの横]\right) + (残り4人)$$

[アの横]になる人で場合分けすると，4通りに分かれます．どの場合も同数の組分けになるので，例えば，それが C である場合を考え，その個数を4倍すれば，2) の総数です．

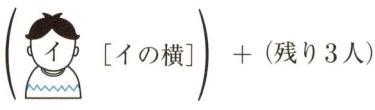

$$\left(\begin{array}{cc}A & B\end{array}\right), \left(\begin{array}{cc}ア & C\end{array}\right),$$

$$\left(\begin{array}{cc}イ & [イの横]\end{array}\right) + (残り3人)$$

Cと同じ中学のウが[イの横]だと,

$$\left(\begin{array}{cc}イ & ウ\end{array}\right), \left(\begin{array}{cc}D & エ\end{array}\right)$$

となってしまい,最後の組がNGです.

よって,[イの横]での場合分けは以下の2通りです.

$$\left(\begin{array}{cc}イ & エ\end{array}\right), \left(\begin{array}{cc}D & ウ\end{array}\right)$$

または,

$$\left(\begin{array}{cc}イ & D\end{array}\right), \left(\begin{array}{cc}ウ & エ\end{array}\right)$$

よって,2)のとき,総数は

$$4 \cdot 2 = 8 通り$$

です.

> 1) = 2通り
> 2) = 8通り

以上から,$\left(\begin{array}{cc}A & B\end{array}\right)$ となるものが10通りあることが分かって,

> 6通りの対称な場合分け

$$6 \cdot 10 = 60 \quad \langle こたえ \rangle$$

が総数です．

→ **特殊な人がいない**場合，誰を選んでも**同じ作り方**です．
特殊な人がいる場合は，分けて考えなければなりません．

発想2. 対称性と特殊性を見抜く

[解答ここまで]

大学入試問題と見間違えるような問題でした．
実は，(3)には『裏面』から考える別解があります．

発想3. 否定を利用して考える

最終章で何回も利用する発想ですが，場合の数や確率でもパワフルさを発揮します．

"考えたい状況でない"状況のことを「**余事象**」と呼びます．『余事象を求めて，全体から引く』とこたえが求まります．

(3)の別解 (余事象の利用) ▶▶▶

同じ中学から来た2人の組があるようなものを考えます（余事象の個数を(1)で求めた総数105から引けば，こたえです）．そのような組の個数で場合分けします．

1) 4組とも同じ中学から来た人の組のとき

明らかに次の1通りです．

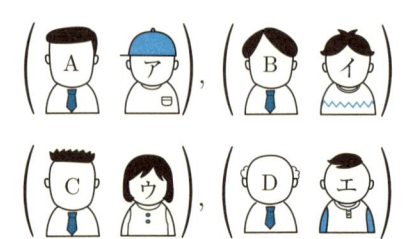

$$\left(\boxed{A}\ \boxed{ア}\right),\ \left(\boxed{B}\ \boxed{イ}\right),\ \left(\boxed{C}\ \boxed{ウ}\right),\ \left(\boxed{D}\ \boxed{エ}\right)$$

2) ちょうど3組が同じ中学から来た人の組のとき

残り2人も同じ中学から来ているから，結局，1)のパターンになっています．よって，2)は起こりません．

3) ちょうど2組が同じ中学から来た人の組のとき

そのような組がどの中学から来た2人の組かは，

$$\{第一, 第二, 第三, 第四\}$$

から2つ選ぶ方法を考えて，

$$_4C_2 = 6 通り$$

の可能性があります．どの場合も同数ですから，「第一と第二」の場合の作り方の個数を求めて6倍します（**対称性**）．

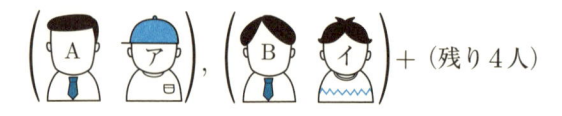

$$\left(\boxed{A}\ \boxed{ア}\right),\ \left(\boxed{B}\ \boxed{イ}\right) + (残り4人)$$

72

のとき，実は先ほどの解答(3) 1)で考えた"残り4人"と同じになっているので，簡単です．

$$\left(\begin{array}{c}\text{C}\end{array}[\text{Cの横}]\right),\ \left(\begin{array}{c}\text{ウ}\end{array}[\text{ウの横}]\right)$$

に D, エ を並べる方法と考えて，2通りでした．

よって，3)の作り方は

$$6 \cdot 2 = 12 \text{通り}$$

です．

4) 1組だけが同じ中学から来た人の組のとき

そのような組がどの中学から来た2人の組かは，

$$\{\text{第一},\text{第二},\text{第三},\text{第四}\}$$

から1つ選ぶ方法を考えて，4通りの可能性があります．どの場合も同数ですから，「第一」の場合の作り方の個数を求めて4倍します（**対称性**）．

$$\left(\begin{array}{cc}\text{A} & \text{ア}\end{array}\right) + (\text{残り6人})$$

誰か1人を先に入れます（誰でも良い）．

$$\left(\begin{array}{c}\text{B}\end{array}[\text{Bの横}]\right) + (\text{残り5人})$$

で，[Bの横]は イ 以外の4通りですが，C が入る場合を考えます．これを4倍すれば良いからです（**対称性**）．

イ ， ウ ， エ ， D

を組に分けますが，同じ中学の2人に注意（**特殊性**）して，

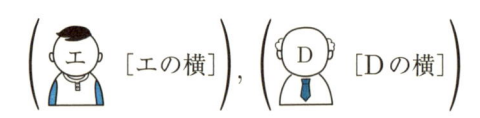

$$\left(\begin{array}{c}\text{エ}\end{array}[\text{エの横}]\right), \left(\begin{array}{c}\text{D}\end{array}[\text{Dの横}]\right)$$

となります．ここに残り2人を並べることになり，組の作り方は2通りです．

よって，4)の作り方は

(第○)・([Bの横])・(2人) = 4・4・2 = 32通り

です．

以上から，

$$105 - (1 + 0 + 12 + 32) = 60 \quad \langle\text{こたえ}\rangle$$

が題意を満たすものの個数です．

否定を利用する方が少しだけ楽だったでしょうか.

問題によっては，攻め方で必要な労力が大きく変わることもあります．場合分けが多くなりそうな問題では，「どっちが楽かな？」と事前に考えると良いでしょう．

次も，前半は場合の数です．後半は工夫なしでは大変です．

問題 7
2010灘中第1日[6]

4けたの整数$ABCD$を考えます．ただし，A, B, C, Dには同じ数字があってもよいとします．数字の並びを逆にした$DCBA$が$ABCD$より大きい4けたの整数となるような$ABCD$は全部で☐個あります．また，$DCBA$が$ABCD$と等しい4けたの整数となるような$ABCD$すべての合計は☐です．

→ 困ったら解答中の ヒント を見てください！

解答

ヒント それほど複雑でないので，表から攻めてみます（裏からは後ほど）．上の位から順に各位の数を見ていきましょう！

$DCBA > ABCD$ となる例は，

$$4321 > 1234,\ 3923 > 3293$$

などがあります．これらの違いは分かりますか？

　前者は最高位の大小が分かる場合，後者は最高位が等しい場合です．

　よって，$DCBA > ABCD$ となる条件は，

　　　「$D > A$（B, C は任意）」……… ① または

　　　「$D = A$ かつ $C > B$」　　……… ②

です．$A > 0$ であることに注意しましょう．

①：A, D の決定には，1〜9から2個の数を選び，大きい方を D とし，小さい方を A にします（${}_9C_2$ 通り）．B, C は何でも良いので，独立に0〜9の値をとれます（各10通り）．

$$① : {}_9C_2 \cdot 10^2 = 36 \cdot 100 = 3600$$

②：$A(=D)$ は何でも良いので，1〜9から1個選びます（9通り）．B, C の決定には，0〜9から2個の数を選び，大きい方を C とし，小さい方を B にします（${}_{10}C_2$ 通り）．

$$② : 9 \cdot {}_{10}C_2 = 9 \cdot 45 = 405$$

　以上から，総数は

$$\therefore \quad 3600 + 405 = 4005 \quad \text{〈こたえ〉}$$

です．

後半に移ります．

$DCBA = ABCD$ となる条件が

　　　　　「$D = A$, $C = B$」

となることは，すぐに分かります．

$B(=C)$ の値ごとに分類すると，

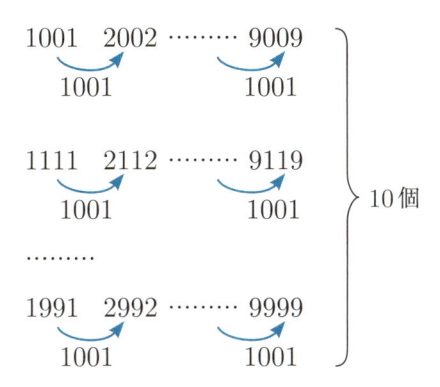

```
1001  2002 ········ 9009
       1001         1001

1111  2112 ········ 9119
       1001         1001

·········

1991  2992 ········ 9999
       1001         1001
```
} 10個

となり，各行は公差1001で項数9の等差数列です．

「おっ，スゴイ！」と思った人，まだまだ甘いです．

等差数列の和の公式で足していくと，

$$\frac{9(1001+9009)}{2}+\frac{9(1111+9119)}{2}+$$
$$\cdots\cdots+\frac{9(1991+9999)}{2}$$
$$=\cdots\cdots$$

となって，5桁の数を10個足し算しなければなりません．こたえは出ますが，悲惨な計算です…

そこで，1個1個足すのでなく，

発想4. 全体を見通して考える

03 | 組合せといくつかの重要発想

に発想転換しましょう.「**全部足したらどうなるか？**」だけを考えます.

$DCBA = ABCD$ となるものは，例えば

$$3773 = 3003 + 770 \quad \cdots\cdots (\bigstar)$$
$$= 3 \cdot 1001 + 7 \cdot 110 \quad \cdots\cdots (\☆)$$

のように変形できます．一般的には，

$$ABBA = A00A + BB0$$
$$= A \cdot 1001 + B \cdot 110 \ (1 \leqq A \leqq 9,\ 0 \leqq B \leqq 9)$$

という形にできる数で，全部で

$$(Aの選び方)\cdot(Bの選び方) = 9 \cdot 10 = 90 個$$

あります．これを全部足します．

段階的に，($\bigstar$) → ($\☆$) と変形していきます．

($ABBA$)

$$\left.\begin{array}{l}
1001 \quad 2002 \ \cdots\cdots\ 9009 \\
1111 \quad 2112 \ \cdots\cdots\ 9119 \\
\quad\quad \cdots\cdots \\
1991 \quad 2992 \ \cdots\cdots\ 9999
\end{array}\right\} 10 個$$

$$\underbrace{}_{9 個}$$

⇒ ($\bigstar$)：$A00A + BB0$

$$1001+000 \quad 2002+000 \quad \cdots\cdots \quad 9009+000$$
$$1001+110 \quad 2002+110 \quad \cdots\cdots \quad 9009+110$$
$$\cdots\cdots$$
$$1001+990 \quad 2002+990 \quad \cdots\cdots \quad 9009+990$$

$\Rightarrow$ （☆）：$A \cdot 1001 + B \cdot 110$

$$1\cdot1001+0\cdot110 \quad 2\cdot1001+0\cdot110$$
$$\cdots\cdots \quad 9\cdot1001+0\cdot110$$
$$1\cdot1001+1\cdot110 \quad 2\cdot1001+1\cdot110$$
$$\cdots\cdots \quad 9\cdot1001+1\cdot110$$
$$\cdots\cdots$$
$$1\cdot1001+9\cdot110 \quad 2\cdot1001+9\cdot110$$
$$\cdots\cdots \quad 9\cdot1001+9\cdot110$$

ここで，
$$A=1,\ 2,\ \cdots\cdots,\ 9$$
のものが10個ずつあり，
$$B=0,\ 1,\ \cdots\cdots,\ 9$$
のものが9個ずつあるので，$\langle A \cdot 1001 \rangle$と$\langle B \cdot 110 \rangle$を別々に足していくことで，求める合計は，

$\langle A \cdot 1001 \rangle$
$$10(1+2+\cdots\cdots+9)1001$$

$$= \frac{9 \cdot 10}{2} \cdot 10010$$

$\langle B \cdot 110 \rangle$

$$9(0+1+2 \cdots\cdots +9)110$$

$$= \frac{9 \cdot 10}{2} \cdot 990$$

$$\frac{9 \cdot 10}{2} \cdot 10010 + \frac{9 \cdot 10}{2} \cdot 990 = \frac{9 \cdot 10}{2} \cdot 11000$$

$$= 495000 \quad \langle こたえ \rangle$$

です(ここで,等差数列の和の公式を用いました).

解答ここまで

いかがでしたか？

こたえが出れば良いので,パーツ分けして,各パーツごとに足しました.それぞれのパーツでは,『何が何回現れるか』と考えるのがポイントです.

実は,後半をこの方法で足すなら,前半を「**余事象**」で考える方がベターなんです.やってみましょう.

問題7前半の別解 ▶▶▶

並びを逆にしても4けたになる整数 $ABCD$（逆：$DCBA$）は

$$1 \leq A \leq 9,\ 0 \leq B \leq 9,\ 0 \leq C \leq 9,\ 1 \leq D \leq 9$$

より，全部で

$$9 \cdot 10 \cdot 10 \cdot 9 = 8100 \text{個}$$

あります．それらは，

1) $DCBA < ABCD$ となるもの
2) $DCBA > ABCD$ となるもの
3) $DCBA = ABCD$ となるもの

の3種類に分類できます．

対称性より，1) と 2) は同数あります．

よって，3) のタイプの個数を求めれば，答えが分かります．

$$1 \leq A = D \leq 9,\ 0 \leq B = C \leq 9$$

となるのが3) なので，個数は，

$$9 \cdot 10 = 90 \text{個}$$

です．

よって，求める個数は，

$$\{(総数) - (逆が等しい3) タイプ)\} \div 2$$
$$= (8100 - 90) \div 2 = 4005 \quad \langle \text{こたえ} \rangle$$

です．

このような数え方の工夫は非常に重要です.

この捉え方ができていれば、後半の総和の求め方も比較的、思いつきやすいでしょう. **全体をイメージしながら考えていく発想は非常に重要です**.

では、もう1問やってみましょう.

問 題 8　　　　　　　　　　　　　　　2006灘中第1日[2]

4つの異なる数字1, 3, ☐, 9から3つの異なる数字を取り出して並べてできる3けたの整数は24個あり、その平均は555である.

→ 困ったら解答中の ヒント を見てください！

※4つから3つ選んで並べるので,

$$_4P_3 = 4\cdot3\cdot2 = 24 \text{個}$$

の整数ができます. 24個の平均とは,

$$(24個の和) \div 24$$

のことです.

解 答

ヒント 対称性の利用と総括的な把握が必須です.

求める数は1けたです. それを x とおいてみます.

対称性から, 24個のうち, 1の位が1, 3, x, 9のものは, それぞれ

$$24 \div 4 = 6 \text{ 個}$$

あります. 同様に考えて, 1, 3, x, 9は, 10, 100の位にそれぞれ 6 回ずつ登場します.

よって, 24個の数の総和は,

$$\begin{aligned}
&(\text{1の位の総和}) + (\text{10の位の総和}) + (\text{100の位の総和}) \\
&= 6(1+3+x+9) + 6(1+3+x+9) \times 10 \\
&\quad + 6(1+3+x+9) \times 100 \\
&= 666(x+13)
\end{aligned}$$

となります.

平均の条件から

$$\frac{666(x+13)}{24} = 555 \Leftrightarrow \frac{6(x+13)}{24} = 5$$

$$\Leftrightarrow \frac{x+13}{4} = 5 \Leftrightarrow x+13 = 20$$

$$\therefore x = 20 - 13 = 7 \quad \langle\text{こたえ}\rangle$$

です.

24個は

$$13x \quad 139 \quad 1x3 \quad 1x9 \quad 193 \quad 19x$$
$$31x \quad 319 \quad 3x1 \quad 3x9 \quad 391 \quad 39x$$
$$x13 \quad x19 \quad x31 \quad x39 \quad x91 \quad x93$$
$$913 \quad 91x \quad 931 \quad 93x \quad 9x1 \quad 9x3$$

ですが,文字が入っているため,直接計算は,"繰り上がり"が見えず,パニックに陥るかもしれませんね.

重要発想が目白押しの第3章は,これで終わりです.

本書で今後も頻繁に用いる4つの発想を再確認しておきましょう.

💡 **発想1.** ペアを作って考える

💡 **発想2.** 対称性と特殊性を見抜く

💡 **発想3.** 否定を利用して考える

💡 **発想4.** 全体を見通して考える

また,本章で登場した組合せについて,次章,次々章では,数として考えていきます.これは,本章のメインテーマの1つ,フェルマーの小定理につながるものです.しっかり理解しながら読み進めてください.

04
パスカルの三角形と二項定理①

「組合せ」は「**二項係数**」とも呼ばれます．その理由を明確にしていくことが本章の目的です．「**パスカルの三角形**」というものを用いると理解しやすくなるので，まずは，それを紹介します．"整数論"っぽさは少ない章です．

まずは，場合の数の問題です．

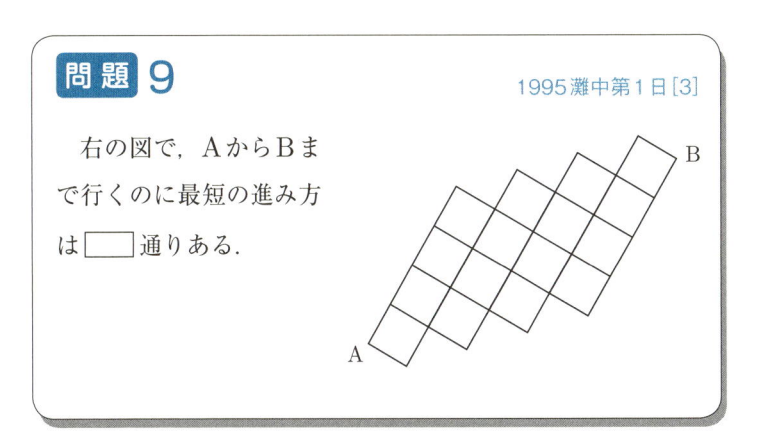

> **問題 9**　　　　　　　　　　　　　　1995灘中第1日[3]
>
> 右の図で，AからBまで行くのに最短の進み方は□通りある．

→ 困ったら解答中の ヒント を見てください！

解答

> **ヒント** Aから各点に到達する経路の数を書き込んでいきます．工夫して数えていかないと，大変ですよ．

AからAまでの経路は1通りです．

Aと→でつながれた点●が2つありますが，そこまでの経路はもちろん，1通りです．

では，●とつながる□と○は？

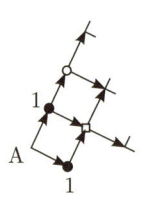

□は，1と書かれた2つの●と→でつながっているので，そこまでの経路は$1+1=2$個です．○は，1と書かれた1つの●と→でつながっているので，そこまでの経路は1個です．

このようにして各点に数字を書きます．

例えば，図のPには手前の2点Q，Rから→がつながっているから，

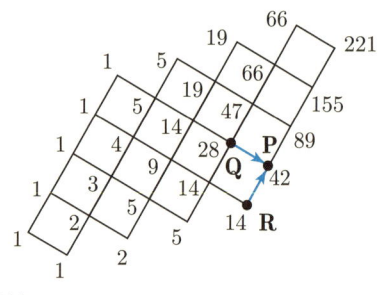

(Pまでの最短経路数)
$=$(Qまでの最短経路数)$+$(Rまでの最短経路数)
$=28+14=42$

となります．

図の数は，Aからその点まで行く最短経路の個数ですから，Bまでの経路数は

221通り 〈こたえ〉

です．

この方法はミスが少なくて良いですね．

先ほど述べた「パスカルの三角形」もこのようにして数字を書き込んでいくことになります．その前に，数字を書き込んで，丁寧に数える問題をもう1問やってみましょう（ノーヒントです！）

> **問題 10** 　　　　　　　　　　　　1996灘中第1日[9]
>
> 2つの細胞BとTがあって，Bは，1秒ごとに1回分裂し，B1個とT1個になり，Tは，1秒ごとに1回分裂し，B2個になることがわかっている．最初，B1個からスタートするとして，8秒後にBは□個となる．

解答

(Bの個数, Tの個数) と書きます．
(○, □)の1秒後は(○ + 2□, ○)となるので，

$$(1, 0) \quad \cdots スタート$$
$$\rightarrow (1 + 2 \cdot 0, 1) = (1, 1) \quad \cdots 1秒後$$
$$\rightarrow (1 + 2 \cdot 1, 1) = (3, 1) \quad \cdots 2秒後$$

04 ｜ パスカルの三角形と二項定理①

$$\to \quad (3+2\cdot 1,\ 3) = (5,\ 3) \quad\quad \cdots 3秒後$$
$$\to \quad (5+2\cdot 3,\ 5) = (11,\ 5) \quad\quad \cdots 4秒後$$
$$\to \quad (11+2\cdot 5,\ 11) = (21,\ 11) \quad\quad \cdots 5秒後$$
$$\to \quad (21+2\cdot 11,\ 21) = (43,\ 21) \quad\quad \cdots 6秒後$$
$$\to \quad (43+2\cdot 21,\ 43) = (85,\ 43) \quad\quad \cdots 7秒後$$
$$\to \quad (85+2\cdot 43,\ 85) = (171,\ 85) \quad\quad \cdots 8秒後$$

となります.よって,8秒後のBの個数は

$$171 \quad \langle こたえ \rangle$$

です.

解答ここまで

ミスなく数えることができましたか?

ちょっと見返してみると,細胞の総数 $(B+T)$ は

$$1,\ 2,\ 4,\ 8,\ 16,\ 32,\ 64,\ 128,\ 256,\ \cdots\cdots$$

と変化していることに気付きます.つまり,2^n の形の数になっています.実は,2^n の形から「**パスカルの三角形**」を連想することができます(初耳の人もいると思いますが).

では,作り方を紹介します.

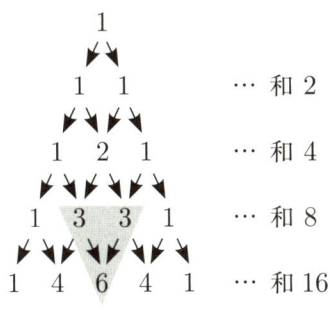

```
        1
       ↙↘
      1   1           … 和 2
     ↙↙↘↘
    1   2   1         … 和 4
   ↙↙↘↙↘↘
  1   3   3   1       … 和 8
 ↙↙↘↙↘↙↘↘
1   4   6   4   1     … 和 16
.........
```

作り方のルール

- 1からスタートし，上から順に数字を入れていく
- ある場所に入る数字は，→でつながった1つ上の行の数字（端は1つ，その他は2つ）の和とする

図の色をつけた部分では，

$$3+3=6$$

です．では，1 4 6 4 1の次の行はどうなるでしょう？

$$1 \quad 5 \quad 10 \quad 10 \quad 5 \quad 1$$

となることが確認できますね．

パスカルの三角形を利用して，問題10の解答を書き直してみましょう．

04 | パスカルの三角形と二項定理①

問題10の別解 ▶▶▶

Bを○，Tを□で表します．

　　□からのびる先は○○

　　○○の間は□

　　○からは○□にのびますが，ここまでから，

　　のび方は決まっています

としてパスカルの三角形の数値に○□を付けていくと，

①	… スタート
①1	… 1秒後
①②①	… 2秒後
①③3①	… 3秒後
①4⑥4①	… 4秒後
①⑤10⑩⑤①	… 5秒後
①⑥15⑳15⑥①	… 6秒後
①7㉑35㉟㉑71	… 7秒後
1⑧28㊽70㊽28⑧①	… 8秒後

となります（左右対称でもOKです）．8秒後を表す行は，

$$1 \quad 8 \quad 28 \quad 56 \quad 70 \quad 56 \quad 28 \quad 8 \quad 1$$

です．全部で $2^8 = 256$ になるので，□が付いた数を引いて，

$$256 - (1 + 56 + 28) = 171 \quad 〈こたえ〉$$

が求める個数です．

→ **否定の利用**です！○の数を足しても良いですけど…

　知っている人にとっては，有名事実ですが，実は，

　　『パスカルの三角形に登場する数は，"組合せ"の値』

です．その理由を確認しておきましょう．

　下図に書かれた部分が正しいことは確認してみてください．

$$
\begin{array}{c}
1 \\
1\ \ 1 \\
1\ \ 2\ \ 1 \\
1\ \ 3\ \ 3\ \ 1 \\
1\ \ 4\ \ 6\ \ 4\ \ 1
\end{array}
\quad = \quad
\begin{array}{c}
{}_0C_0 \\
{}_1C_0\ \ {}_1C_1 \\
{}_2C_0\ \ {}_2C_1\ \ {}_2C_2 \\
{}_3C_0\ \ {}_3C_1\ \ {}_3C_2\ \ {}_3C_3 \\
{}_4C_0\ \ {}_4C_1\ \ {}_4C_2\ \ {}_4C_3\ \ {}_4C_3
\end{array}
$$

　さて，「パスカルの三角形」と「組合せ表」が一致することを確認するには，どうしたら良いでしょうか？

　実は，**数学的帰納法**の論法で確認できます．つまり，ここまでが一致しているので，

　　　　　「次の行も一致」
　　　　　「その次の行も一致」
　　　　　………

が永久に繰り返せたらOKです．

次の行と関連があるとしたら，例えば，

$$_4C_2 + {_4C_3} = {_5C_3} \quad \cdots\cdots\cdots \quad (予想)$$

が成り立つはずです（上図の網かけ部から）．

組合せの計算（階乗の割り算）を思い出すと，この（予想）が正しいことが分かります．次を見てください．

$$\begin{aligned}_4C_2 + {_4C_3} &= \frac{4!}{2!2!} + \frac{4!}{3!1!} = \frac{3\cdot 4!}{3\cdot 2!2!} + \frac{2\cdot 4!}{3!\cdot 2\cdot 1!} \\ &= \frac{(3+2)\cdot 4!}{3!2!} = \frac{5!}{3!2!} \\ &= {_5C_3}\end{aligned}$$

これと同様に計算すると，一般に

$$_mC_{n-1} + {_mC_n} = {_{m+1}C_n} \quad (1 \leqq n \leqq m)$$

が成り立ちます．実際の計算は，以下の通りです．

$$\begin{aligned}&_mC_{n-1} + {_mC_n} \\ &= \frac{m!}{(n-1)!(m-n+1)!} + \frac{m!}{n!(m-n)!} \\ &= \frac{n\cdot m!}{n\cdot (n-1)!(m-n+1)!} + \frac{(m-n+1)\cdot m!}{n!\cdot (m-n+1)\cdot (m-n)!} \\ &= \frac{\{n+(m-n+1)\}\cdot m!}{n!(m-n+1)!}\end{aligned}$$

$$= \frac{(m+1)!}{n!(m-n+1)!}$$
$$= {}_{m+1}\mathrm{C}_n$$

　これで,「パスカルの三角形」と「組合せ表」が一致することが分かりました.

　上では, ${}_4\mathrm{C}_2 + {}_4\mathrm{C}_3 = {}_5\mathrm{C}_3$ を計算で確認しましたが…

◉選び方では説明できないか？

　これが自然な感想ですよね．もちろん，できるんです！

　　（5人から3人選ぶ方法）
　＝（4人から2人選ぶ方法）＋（4人から3人選ぶ方法）

となってほしいのですが，図のように考えてみてください．

5人から3人を選ぶ

・aが含まれるとき
残り4人から
2人を選ぶ

・aが含まれないとき
残り4人から
3人を選ぶ

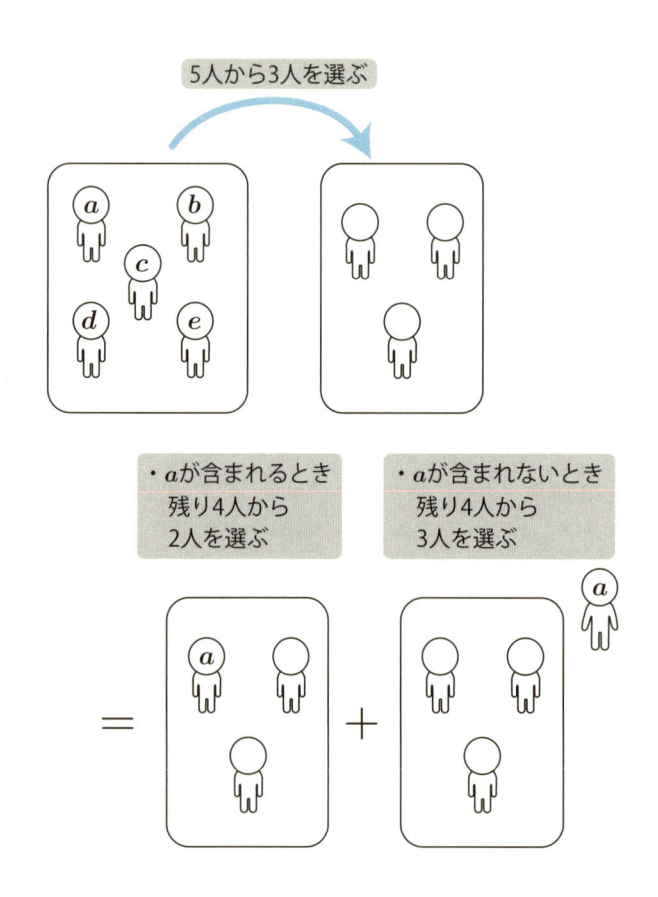

この方法は一般に適用できますので，先ほどの

$$_m\mathrm{C}_{n-1} + {}_m\mathrm{C}_n = {}_{m+1}\mathrm{C}_n$$

ではどうなるかを，確認しておいてください．

次に，パスカルの三角形のもう1つの側面を見ておきます．パスカルの三角形を再掲しましょう．

```
          1
         / \
        1   1
       /\   /\
      1   2   1
     /\  /\  /\
    1   3   3   1
   /\  /\  /\  /\
  1   4   6   4   1
```
………

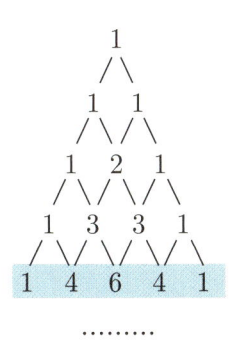

$(a+b)^n$ を展開したときの係数と比較してみてください.

$$(a+b)^0 = 1$$
$$(a+b)^1 = a+b$$
$$(a+b)^2 = a^2 + 2ab + b^2$$
$$(a+b)^3 = a^3 + 3a^2b + 3ab^2 + b^3$$
$$(a+b)^4 = a^4 + 4a^3b + 6a^2b^2 + 4ab^3 + b^4$$
………

関係性は一目瞭然ですね！これをまとめたものが，次の「**二項定理**」です（「(二項の和)^n の展開公式」くらいの意味です）.

公式 ❹　二項定理

$(a+b)^n$
$= {}_nC_0 a^n b^0 + {}_nC_1 a^{n-1} b^1 + {}_nC_2 a^{n-2} b^2 + {}_nC_3 a^{n-3} b^3 +$
　………$+ {}_nC_{n-1} a^1 b^{n-1} + {}_nC_n a^0 b^n$

（二項の和）^{n} を展開した式の係数だから，**「二項係数」**です．

証明の前に，使い方を見ておきましょう．

例えば，$n=4, a=b=1$ としたら，

$$1+4+6+4+1=16$$

というパスカルの三角形の5行目の和が，

$$_4C_0+{_4C_1}+{_4C_2}+{_4C_3}+{_4C_4}=(1+1)^4=2^4$$

と計算できるということです．

また，二項定理を繰り返し用いると，（もっと多くの項）^{n} の展開もできてしまいます（**多項定理**ともいいます）．

例えば，「$(x+y+z)^{10}$ を展開したときの $x^3y^2z^5$ の係数はいくらでしょうか？」ときかれたら…

$$(x+y+z)^{10}=\{(x+y)+z\}^{10}$$

と見て必要な部分だけに注目します．$x^3y^2z^5$ を含むものは $(x+y)^5z^5$ で，二項定理から，その係数は $_{10}C_5$ だと分かります．

$$(x+y+z)^{10}=\cdots+{_{10}C_5}(x+y)^5z^5+\cdots$$

さらに，$(x+y)^5$ を展開したときの x^3y^2 の係数は $_5C_2$ です．

$$(x+y+z)^{10}=\cdots+{_{10}C_5}\{\cdots+{_5C_2}x^3y^2+\cdots\}z^5+\cdots$$

よって，求める係数は

$$_{10}\mathrm{C}_5 \cdot {}_5\mathrm{C}_2 = \frac{10 \cdot 9 \cdot 8 \cdot 7 \cdot 6}{5 \cdot 4 \cdot 3 \cdot 2 \cdot 1} \cdot \frac{5 \cdot 4}{2 \cdot 1} = 2520$$

となることが分かりますね.

では，二項定理が成り立つ理由を，2通りで確認しましょう.

まずは，組合せ的な方法です.

組合せ的な考え方による確認

$n=4$ の場合で考えてみましょう.

$$(a+b)^4$$
$$= \underbrace{(a+b)}_{①} \underbrace{(a+b)}_{②} \underbrace{(a+b)}_{③} \underbrace{(a+b)}_{④}$$

を展開するとき，『①〜④で a, b のいずれかを選んで掛けていく』と考えます.

①×②×③×④
↑　↑　↑　↑
a or b　a or b　a or b　a or b

展開すると，登場する項は，例えば

$$abba \quad \leftarrow \quad ①:a, \ ②:b, \ ③:b, \ ④:a$$

となるわけですから，個数は

$$2^4 = 16\text{個}$$

04 | パスカルの三角形と二項定理①

です.登場する項を分類すると

$$a^4,\ a^3b,\ a^2b^2,\ ab^3,\ b^4$$

の5種類になりますが,例えば,a^2b^2 は掛けた順まで見ると

$$aabb,\ abab,\ abba,\ baab,\ baba,\ bbaa$$

の6個があります(つまり,係数が6になるということ).計算で考えると,①〜④のうちから b になる2個を選んで,

$$(③④),\ (②④),\ (②③),\ (①④),\ (①③),\ (①②)$$
$$\therefore\ {}_4\mathrm{C}_2 = 6$$

から,6個になったのです.まとめると…

a^4 :①〜④から b にする0個選ぶ $\therefore$ ${}_4\mathrm{C}_0$

a^3b :①〜④から b にする1個選ぶ $\therefore$ ${}_4\mathrm{C}_1$

a^2b^2 :①〜④から b にする2個選ぶ $\therefore$ ${}_4\mathrm{C}_2$

ab^3 :①〜④から b にする3個選ぶ $\therefore$ ${}_4\mathrm{C}_3$

b^4 :①〜④から b にする4個選ぶ $\therefore$ ${}_4\mathrm{C}_4$

となり,定理に書かれた通りとなっていることが分かります.

$$(a+b)^4 = {}_4\mathrm{C}_0 a^4 + {}_4\mathrm{C}_1 a^3b + {}_4\mathrm{C}_2 a^2b^2 + {}_4\mathrm{C}_3 ab^3 + {}_4\mathrm{C}_4 b^4$$

この方法で,$n=4$ 以外の場合の公式❹も証明することができますが,ここでは省略します.

確認としては，これで十分なのですが，数学的帰納法の復習も兼ねて，もう1通りの確認もやっておきます．

> **数学的帰納法による確認**
>
> まずイメージから．
>
> $n=3$ での成立を利用すれば，$n=4$ の成立が分かるでしょうか？つまり，
>
> $$(a+b)^3 = {}_3\mathrm{C}_0 a^3 + {}_3\mathrm{C}_1 a^2 b + {}_3\mathrm{C}_2 a b^2 + {}_3\mathrm{C}_3 b^3$$
>
> が分かっているとして，
>
> $$(a+b)^4 = {}_4\mathrm{C}_0 a^4 + {}_4\mathrm{C}_1 a^3 b + {}_4\mathrm{C}_2 a^2 b^2 + {}_4\mathrm{C}_3 a b^3 + {}_4\mathrm{C}_4 b^4$$
>
> が成り立つかを検証しましょう（これが分かれば，同様の方法を**永久に繰り返せる**はずです）．
>
> まず，3乗を利用して4乗を考えたいので，
>
> $$\begin{aligned}(a+b)^4 &= (a+b)(a+b)^3 \\ &= a(a+b)^3 + b(a+b)^3\end{aligned}$$
>
> と変形します．すると，3乗は展開できるので，
>
> $${}_3\mathrm{C}_0 a^4 + \boxed{{}_3\mathrm{C}_1 a^3 b} + \boxed{{}_3\mathrm{C}_2 a^2 b^2} + \boxed{{}_3\mathrm{C}_3 a b^3}$$
> $$+ \boxed{{}_3\mathrm{C}_0 a^3 b} + \boxed{{}_3\mathrm{C}_1 a^2 b^2} + \boxed{{}_3\mathrm{C}_2 a b^3} + {}_3\mathrm{C}_3 b^4$$
>
> となります．整理すると，

$$a^4 + \boxed{({}_3C_0 + {}_3C_1)a^3b} + \boxed{({}_3C_1 + {}_3C_2)a^2b^2}$$
$$+ \boxed{({}_3C_2 + {}_3C_3)ab^3} + b^4$$

となります.

◉あるものを思い出せますか?

そう,「パスカルの三角形」です. 一部を取り出すと

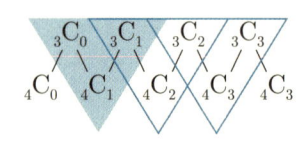

となっていますから,

$(a+b)^4 = {}_4C_0 a^4 + \boxed{{}_4C_1 a^3b} + \boxed{{}_4C_2 a^2b^2} + \boxed{{}_4C_3 ab^3} + {}_4C_4 b^4$

とできることが分かります.

このように,「成立がどんどん連鎖していくパターン」が数学的帰納法の使い所です.

では, 実際に証明してみましょう!

証明

すべての自然数nに対して

$$(a+b)^n$$
$$= {}_nC_0 a^n b^0 + {}_nC_1 a^{n-1} b^1 + {}_nC_2 a^{n-2} b^2 + {}_nC_3 a^{n-3} b^3 +$$
$$\cdots\cdots + {}_nC_{n-1} a^1 b^{n-1} + {}_nC_n a^0 b^n$$

が成り立つことを数学的帰納法で示します．

Ⅰ）$n=1$のとき，

（左辺）$= (a+b)^1 = a+b,$
（右辺）$= {}_1C_0 a^1 b^0 + {}_1C_1 a^0 b^1 = a+b$

より，成り立ちます．

Ⅱ）$n=k$（kは自然数）のときに

$$(a+b)^k$$
$$= {}_kC_0 a^k b^0 + {}_kC_1 a^{k-1} b^1 + {}_kC_2 a^{k-2} b^2 + {}_kC_3 a^{k-3} b^3 +$$
$$\cdots\cdots + {}_kC_{k-1} a^1 b^{k-1} + {}_kC_k a^0 b^k$$

が成り立つと分かったと仮定して，「これを用いて良ければ，$n=k+1$でも成り立つことが分かる」ことを示します．

$n=k+1$のときを考えます．

（右辺）
$$= {}_{k+1}C_0 a^{k+1} b^0 + {}_{k+1}C_1 a^k b^1 + {}_{k+1}C_2 a^{k-1} b^2 + \cdots\cdots$$

04 ｜ パスカルの三角形と二項定理①

$$+ {}_{k+1}C_k a^1 b^k + {}_{k+1}C_{k+1} a^0 b^{k+1}$$

ですから，さきほどの「仮定の式」を代入して，これが

$$(左辺) = (a+b)^{k+1}$$

と一致することを示すことになります．

$$\begin{aligned}(左辺) &= (a+b)(a+b)^k \\ &= a(a+b)^k + b(a+b)^k\end{aligned}$$

と変形して，これに「仮定」を代入すると，

$$\begin{aligned}&{}_kC_0 a^{k+1} b^0 + {}_kC_1 a^k b^1 + \cdots + {}_kC_k a^1 b^k \\ &\quad + {}_kC_0 a^k b^1 + \cdots + {}_kC_{k-1} a^1 b^k + {}_kC_k a^0 b^{k+1} \\ =& {}_kC_0 a^{k+1} b^0 + ({}_kC_0 + {}_kC_1) a^k b^1 + ({}_kC_1 + {}_kC_2) a^{k-1} b^2 + \\ &\quad \cdots\cdots + ({}_kC_{k-1} + {}_kC_k) a^1 b^k + {}_kC_k a^0 b^{k+1}\end{aligned}$$

となります．ここで，パスカルの三角形の一部を取り出すと，

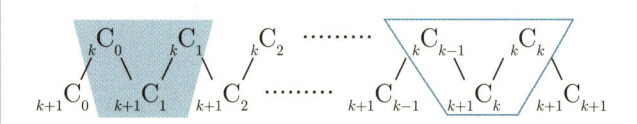

ですから，

$$_{k+1}\mathrm{C}_0 a^{k+1}b^0 + \boxed{_{k+1}\mathrm{C}_1 a^k b^1} + {_{k+1}\mathrm{C}_2} a^{k-1}b^2 + \cdots\cdots$$
$$+ \boxed{_{k+1}\mathrm{C}_k a^1 b^k} + {_{k+1}\mathrm{C}_{k+1}} a^0 b^{k+1}$$
$$=（右辺）$$

となります．

これで，「$n=k$で成立すれば$n=k+1$でも成立」が分かりました．

Ⅰ），Ⅱ）から，数学的帰納法より，すべてのnで成り立つことが示されました．

証明おわり

永久に繰り返す部分の流れを確認しておきましょう．

「$n=1$で成り立つ」 ← Ⅰ）より
「$n=2$で成り立つ」 ← Ⅱ）で$k=1$
「$n=3$で成り立つ」 ← Ⅱ）で$k=2$
………

これを繰り返して，「すべてのnで成り立つことが証明できる」と分かる．

以上の説明を省略して，「数学的帰納法より」と書いているのでした．

二項定理の確認が2通りの方法でなされました．成り立つことは，納得してもらえたと思います．

＊＊＊

　本章では，「パスカルの三角形」と「二項定理」について説明しました．ここまでで基本的な道具がそろってきて，最終到達地点が少し見えてきた所です．
　次章でも「パスカルの三角形」と「二項定理」を扱います．
　「選び方」としての組合せから，「二項係数」としての組合せに移っていきます．つまり，「整数」としての組合せの性質を考えていきます．

05 パスカルの三角形と二項定理②

本章では，パスカルの三角形で成り立つ法則について考えていきます．

ここで登場するものは，算数の問題ではありません．実は，灘中の生徒たちの多くが将来受験する東大や京大で出題されたものをもとにしています．対象を深く分析することの大切さを教えてくれるものばかりで，不思議な法則がたくさん見つかります．

法則が成り立つ理由を探ることで，数の世界の深淵を垣間見ることができるはずです．

●パスカルの三角形をよく見てください

```
                              1
                           1    1  ················ ₁C_△
₂C_△ ················  1    2    1
                        1    3    3    1  ················ ₃C_△
₄C_△ ················ 1    4    6    4    1
                     1    5   10   10    5    1  ················ ₅C_△
₆C_△ ················ 1    6   15   20   15    6    1
                     1    7   21   35   35   21    7    1  ················ ₇C_△
₈C_△ ················ 1    8   28   56   70   56   28    8    1
                   1    9   36   84  126  126   84   36    9    1  ····· ₉C_△
```

○ (両端) $= 1$ (つまり $_nC_0 = {}_nC_n = 1$) と左右対称は，すぐに分かります．

○ 両端以外の $_nC_m$ $(1 \leqq m \leqq n-1)$ について，見ていきましょう．次の3点について考えてみてください．

1) n が素数のとき $(n = 2, 3, 5, 7)$ の法則は？
2) $n = 2^k$ のとき $(n = 2, 4, 8)$ の法則は？
3) $n = 2^k - 1$ のとき $(n = 1, 3, 7)$ の法則は？

こたえは，ここからの問題として与えていきます．

では，1)，2)，3)を問題として順に見ていきましょう．

問題 11.1

p を素数とすると，$_pC_m$ $(1 \leqq m \leqq p - 1)$ は p の倍数であることを示せ．

→ 困ったら解答中の ヒント を見てください！

解答

ヒント　具体例で約分の様子をチェックしてみてください．

例えば，$p = 11$，$m = 4$ のとき，$_{11}C_4$ は「11個から4個を選ぶ選び方の個数」を表す整数です．ということは，

$$_{11}C_4 = \frac{11!}{4!7!} = \frac{11 \cdot 10 \cdot 9 \cdot 8 \cdot 7 \cdot 6 \cdot 5 \cdot 4 \cdot 3 \cdot 2 \cdot 1}{4 \cdot 3 \cdot 2 \cdot 1 \times 7 \cdot 6 \cdot 5 \cdot 4 \cdot 3 \cdot 2 \cdot 1}$$

は，分母が1になるまで約分できます．

いま，分母に登場する数の素因数はすべて11未満なので，分子の11は約分されずに残ることが分かります．よって，$_{11}C_4$ は11の倍数です ($_{11}C_4 = 330$)．

この方法でやってみましょう．

$$_pC_m = \frac{p!}{m!\,(p-m)!}$$

は整数です．分母に登場する数は，

$$1 \leq m \leq p-1,\ 1 \leq p-m \leq p-1$$

より，分母は素因数pを含んでいません．つまり，分母が1になるまで約分しても，分子にある素因数pは，必ず，約分されずに残ります．

よって，$_pC_m$ はpの倍数です．

解答ここまで

これは，後に何度も用いる<u>超重要</u>な性質です．

次は，$n = 2^k$ のときの法則です（両端除く）．

```
            1   2   1                  … n=2
          1   4   6   4   1            … n=4
    1   8  28  56  70  56  28   8   1  … n=8
```

問題 11.2

$n = 2^k \ (k \geqq 1)$ とすると,${}_n\mathrm{C}_m \ (1 \leqq m \leqq n-1)$ は偶数であることを示せ.

少し難しいので,解答の前に,イメージを確認しましょう.

まず,${}_2\mathrm{C}_m, {}_4\mathrm{C}_m, {}_8\mathrm{C}_m, \cdots\cdots$ は,二項定理より,

$$(a+b)^2, \ (a+b)^4, \ (a+b)^8, \ \cdots\cdots$$

を展開したときの係数 (最初と最後の項以外) になっており,

$$
\begin{aligned}
&(a+b)^2 \\
&(a+b)^4 \quad \text{2乗} \\
&(a+b)^8 \quad \text{2乗} \\
&\cdots\cdots \quad \text{2乗}
\end{aligned}
$$

という関係になっています.ここで,

$$(A+B)^2 = A^2 + 2AB + B^2$$

より,

$$
\begin{aligned}
(A+B+C)^2 &= (A+B)^2 + 2(A+B)C + C^2 \\
&= A^2 + B^2 + C^2 + 2(AB + BC + CA)
\end{aligned}
$$

となることが分かります.繰り返して,一般的に,

$$(A+B+\cdots\cdots+Y+Z)^2$$
$$=A^2+B^2+\cdots\cdots+Y^2+Z^2$$
$$+2(AB+\cdots\cdots+AZ+\cdots\cdots+YZ)$$

となります.

これを利用しましょう.

例えば,$n=4$で

$$(a+b)^4=a^4+(係数が\mathbf{偶数}の項)+b^4$$

となることが分かれば,$n=8$のときに,

$$(a+b)^8=\{(a+b)^4\}^2$$
$$=\{a^4+(\mathbf{偶数}係数項の和)+b^4\}^2$$
$$=a^8+(\mathbf{偶数}係数項の平方和)+b^8$$
$$+2(異なる2項の積全体の和)$$
$$=a^8+(係数が\mathbf{偶数}の項)+b^8$$

となるので,$n=8$でも成り立つことが分かります.

このように,**前の情報から新しい情報が得られるとき**が"数学的帰納法の使いどき"となるのでした.

上記を踏まえて,実際に示してみましょう.

解答

k に関する数学的帰納法で示します．

I) $k=1$ のとき，$n=2$ なので，

$$_2\mathrm{C}_1 = 2 : \textbf{偶数}$$

より，成り立ちます．

II) $k=l$ (l は自然数) のとき成り立つこと，つまり，$n=2^l$ とおくと

$$_n\mathrm{C}_m \ (1 \leq m \leq n-1) : \textbf{偶数}$$

が成り立つと仮定します．

すると，二項定理より，

$$(a+b)^n = a^n + {}_n\mathrm{C}_1 a^{n-1}b + \cdots\cdots + {}_n\mathrm{C}_{n-1} ab^{n-1} + b^n$$
$$= a^n + (\text{係数が}\textbf{偶数}\text{の項}) + b^n$$

となります．

これを用いて，$k=l+1$ のときに成り立つことを示します．

$$2^{l+1} = 2 \cdot 2^l = 2n$$

より，

$$_{2n}\mathrm{C}_m \ (1 \leq m \leq 2n-1) : \textbf{偶数}$$

となることを示せば終わりです．

さらに，二項定理から，

$$(a+b)^{2n} = a^{2n} + (\text{係数が}\textbf{偶数}\text{の項}) + b^{2n}$$

となることを示せば良いと分かります．

実際に計算してみると，

$$\begin{aligned}(a+b)^{2n} &= \{(a+b)^n\}^2 \\ &= \{a^n + (\text{係数が}\textbf{偶数}\text{の項}) + b^n\}^2 \\ &= a^{2n} + (\textbf{偶数}\text{係数項の平方和}) + b^{2n} \\ &\quad + 2(\text{異なる2項の積全体の和}) \\ &= a^{2n} + (\text{係数が}\textbf{偶数}\text{の項}) + b^{2n}\end{aligned}$$

となり，$k=l+1$のときも成り立つことが示されました．

Ⅰ），Ⅱ）から，数学的帰納法より，すべてのkで成り立つことが示されました．

> 解答ここまで

では，3つ目の性質，つまり，$n=2^k-1$のときの法則を考えましょう．

それは，先ほど考えていた行（$n=2^k$）の1つ上の行になっています．

$$\begin{array}{cccccccc} & & & 1 & 1 & & & & \cdots n=1 \\ & & 1 & 3 & 3 & 1 & & & \cdots n=3 \\ 1 & 7 & 21 & 35 & 35 & 21 & 7 & 1 & \cdots n=7 \end{array}$$

問題 11.3

$n = 2^k - 1$ $(k \geq 1)$ とすると,$_n\mathrm{C}_m$ $(1 \leq m \leq n-1)$ は奇数であることを示せ.

→ 困ったら解答中の ヒント を見てください!

解答

ヒント $n = 2^k - 1$ の1つ下 (2^k) の行から逆算してみましょう.

1つ下の行を見ましょう.

$n + 1 = 2^k$ より,さきほどの問題で示した通り,

$$_{n+1}\mathrm{C}_l \ (1 \leq l \leq n) : \textbf{偶数}$$

です.パスカルの三角形で,いま考えるべき行との関係は

$$
\begin{array}{ccccccc}
1 & _n\mathrm{C}_1 & _n\mathrm{C}_2 & \cdots\cdots & _n\mathrm{C}_{n-1} & 1 \\
/\backslash & /\backslash & /\backslash & & /\backslash & /\backslash \\
1 \ \ \ 偶 & 偶 & 偶 & \cdots\cdots & 偶 & 偶 \ \ \ 1
\end{array}
$$

です.例えば,

$$1 + {_n\mathrm{C}_1} = 偶 \quad \therefore \ _n\mathrm{C}_1 : \textbf{奇数}$$

$$_n\mathrm{C}_1 + {_n\mathrm{C}_2} = 偶 \quad \therefore \ _n\mathrm{C}_2 : \textbf{奇数}$$

……

です．つまり，

「2整数の和が偶数」 ⇔ 「2整数の偶奇が一致」

であること，1が奇数であることから，

$$_n\mathrm{C}_m\,(1\leqq m\leqq n-1)：\textbf{奇数}$$

が分かります．

|解答ここまで|

いま考えた法則は，もう少しパワーアップすることができ，"逆"について考えることができます．

実は，$_n\mathrm{C}_m\,(1\leqq m\leqq n-1)$ がすべて**奇数**になるのは

$$n=2^k-1\,(k\geqq 1)$$

となるときだけです（つまり，他の行には**偶数**がある！）．

◉パスカルの三角形から，理由が見えますか？

```
                1
              1   1
            1   2   1
          1   3   3   1
        1   4   6   4   1
      1   5  10  10   5   1
    1   6  15  20  15   6   1
  1   7  21  35  35  21   7   1
1   8  28  56  70  56  28   8   1
1  9  36  84 126 126  84  36   9   1
```

偶数はいろいろなところにありますが，図の色を付けた逆三角形部分にだけ注目します（真ん中に集まる偶数の個数を考えたいからです）．

この中にあるのはすべて偶数です．上から順に見ていくと，

「$n=2^k$のとき，両端以外はすべて**偶数**（2^k-1個）」

「$n=2^k+1$のとき，真ん中の2^k-2個は**偶数**」

「$n=2^k+2$のとき，真ん中の2^k-3個は**偶数**」

………

「$n=2^k+2^k-2=2^{k+1}-2$のとき，真ん中の

$2^k-(2^k-1)=1$個は**偶数**」

となり，$2^k \leqq n \leqq 2^{k+1}-2$のどの行でも，${}_n\mathrm{C}_m$の少なくとも1個は**偶数**です．これで，${}_n\mathrm{C}_m$がすべて奇数になるのは，$n=2^k-1$のときだけということが分かりました．

ここまでに分かった法則をまとめておきましょう．パスカルの三角形の両端以外の部分について，

> 1) nが素数pのとき，${}_n\mathrm{C}_m$はpの倍数
> 2) $n=2^k$のとき，${}_n\mathrm{C}_m$は偶数
> 3) $n=2^k-1$のとき，${}_n\mathrm{C}_m$は奇数
> ${}_n\mathrm{C}_m$がすべて奇数になるのは，$n=2^k-1$のときだけ

です．

問題 11.2 は「$n=2^k$の行は端以外すべて偶数」という法則でし

たが，実は，任意の素数pに一般化することができます．

> pは素数とする．$n = p^k \, (k \geq 1)$ とすると，
> $_n\mathrm{C}_m \, (1 \leq m \leq n-1)$ はpの倍数である．

証明の前に，正しさを実感してもらいます．

例えば，$n = 5^2 = 25$のときに$m = 3, 5$としたら，

$$_{25}\mathrm{C}_3 = \frac{25 \cdot 24 \cdot 23}{3 \cdot 2 \cdot 1} = 25 \cdot 4 \cdot 23,$$

$$_{25}\mathrm{C}_5 = \frac{25 \cdot 24 \cdot 23 \cdot 22 \cdot 21}{5 \cdot 4 \cdot 3 \cdot 2 \cdot 1} = 5 \cdot 23 \cdot 22 \cdot 21$$

は5の倍数です．

また，$n = 27, m = 9$のとき，

$$_{27}\mathrm{C}_9 = \frac{㉗ \cdot 26 \cdot 25 \cdot ㉔ \cdot 23 \cdot 22 \cdot ㉑ \cdot 20 \cdot 19}{⑨ \cdot 8 \cdot 7 \cdot ⑥ \cdot 5 \cdot 4 \cdot ③ \cdot 2 \cdot 1} = 5 \cdot 23 \cdot 22 \cdot 21$$

ですが，分母，分子にはそれぞれ素因数3が，

$$3 + 1 + 1 = 5\text{個}, \quad 2 + 1 + 1 = 4\text{個}$$

含まれるので，約分すると，分子に3が1個残り，3の倍数です．

この性質が成り立つ理由を2通りで説明してみよう．

1つ目は数学的帰納法によるものです（**問題11.2**と同じやり方です）．2つ目では分母，分子にあるpの個数を本気で数えてみます（久々にガウス記号が登場します）．

帰納的証明

kについての数学的帰納法で示します.

Ⅰ) $k=1$のとき,$n=p$であり,題意は既に**問題 11.1** で示されています.

Ⅱ) 二項定理と**問題 11.1** から,

$$(A+B)^p$$
$$=A^p+(係数が p の倍数の項)+B^p$$

と展開できます.さらに,

$$(A+B+C)^p$$
$$=(A+B)^p+(係数が p の倍数の項)+C^p$$
$$=A^p+B^p+C^p+(係数が p の倍数の項)$$

となります.これを繰り返して,一般に,

$$(A+B+\cdots\cdots+Y+Z)^p$$
$$=A^p+B^p+\cdots\cdots+Y^p+Z^p+(係数が p の倍数の項)$$

と展開できることになります.

これを用いると…

$k=l$つまり,$n=p^l$で

$$(a+b)^n=a^n+(係数が p の倍数の項)+b^n$$

が成り立てば，$k=l+1$ つまり，$p^{l+1}=np$ でも成り立つことが，以下のように分かります．

展開すると，

$$(a+b)^{np} = \{(a+b)^n\}^p$$
$$= \{a^n + (係数がpの\textbf{倍数}の項) + b^n\}^p$$
$$= \{a^n + (係数がpの\textbf{倍数}の項) + b^n\}^p$$
$$= a^{np} + (pの\textbf{倍数}係数項のp乗和) + b^{np}$$
$$\quad + (係数がpの\textbf{倍数}の項)$$
$$= a^{np} + (係数がpの\textbf{倍数}の項) + b^{np}$$

となります．

これで，「$k=l$ で成り立てば $k=l+1$ でも成り立つ」が分かりました．

Ⅰ)，Ⅱ)から，数学的帰納法により，証明完了となります．

証明おわり

p 乗を繰り返しましたが，イメージできましたか？流れは問題 11.2 の解答とほぼ同じですので，不明な箇所があれば，そちらを参照してください．

次は，帰納法を用いずに考えてみます．分母，分子に含まれる素因数pの個数を頑張って数えるという方法です．ガウス記号$[\ ]$を利用しますが，これは京大で出題されたこともある内容です．また，計算過程で，『🔵発想1．ペアを作って考える』も用いますので，復習がてらやってみましょう．

まずは，予備知識から．

📎予備知識

不要な部分は読み飛ばしてください

階乗中の素因数のベキ数の確認

唐突ですが，以下が成り立ちます．

> 自然数nと素数pに対し，「$n!$は素因数pを何個含むか？」のこたえは，
>
> $$\left[\frac{n}{p}\right]+\left[\frac{n}{p^2}\right]+\left[\frac{n}{p^3}\right]+\left[\frac{n}{p^4}\right]+\left[\frac{n}{p^5}\right]+\cdots\cdots$$
>
> である ($n<p^k$ となるkでは$[\ ]$の値は0)．

例えば，

$10! = 10\cdot 9\cdot 8\cdot 7\cdot 6\cdot 5\cdot 4\cdot 3\cdot 2\cdot 1$

は2を何個含みますか？ 1〜10が含む2の個数は図の棒グラフのようになります．

10：1個　　8：3個　　6：1個

　4：2個　　2：1個

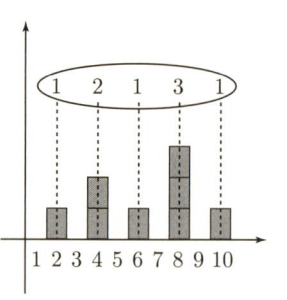

より，
$$1+3+1+2+1=8 \text{個}$$
です．

しかし，これは，上の計算法ではありません．上の計算法を理解するために，思い出しておくべきことがあります．

『ガウス記号[ ]の中に分数が入るとき，それは"商"を表す』ということです．

次のように考えます．

1) 10以下に偶数は $\left[\dfrac{10}{2}\right] = 5$ 個

2) 10以下に4の倍数は $\left[\dfrac{10}{2^2}\right] = 2$ 個

3) 10以下に8の倍数は $\left[\dfrac{10}{2^3}\right] = 1$ 個

4) $\left[\dfrac{10}{2^4}\right] = \left[\dfrac{10}{2^5}\right] \cdots\cdots = 0$ より，4個以上の2を含む数は0個

よって，右のように2の個数
$$5+2+1=8$$
を得ます．

階乗のときだけ使える技です．

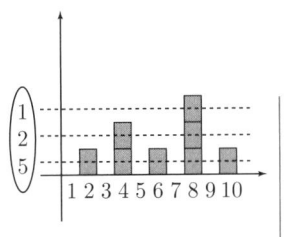

これを利用して，$_n\mathrm{C}_m\,(n=p^k,\ 1\leqq m \leqq n-1)$ が p の倍数になることを証明しましょう．

ただし，証明は少し高度なもので，【もっと深く理解したい人向け】になります．

> **証明**
>
> p が素数で，$n=p^k(k\geqq 1)$ のとき，${}_n C_m (1\leqq m \leqq n-1)$ は
> $$ {}_n C_m = \frac{(p^k)!}{m!\,(p^k-m)!} $$
> です．目標は，以下を示すことです．
>
> 『(分子に含まれる素因数 p の個数)
> $>$ (分母に含まれる素因数 p の個数)』
>
> 先ほどの計算法で数えていきます．
>
> 分子に含まれる素因数 p の個数は
> $$ \left[\frac{p^k}{p}\right] + \left[\frac{p^k}{p^2}\right] + \cdots\cdots + \left[\frac{p^k}{p^{k-1}}\right] + \left[\frac{p^k}{p^k}\right] $$
> $$ = p^{k-1} + p^{k-2} + \cdots\cdots + p + 1 $$
>
> です（0になる項は省略）．分母に含まれる素因数 p の個数は
>
> $\left[\dfrac{m}{p}\right] + \left[\dfrac{m}{p^2}\right] + \cdots\cdots + \left[\dfrac{m}{p^{k-1}}\right] + \left[\dfrac{m}{p^k}\right] +$
>
> $\left[\dfrac{p^k-m}{p}\right] + \left[\dfrac{p^k-m}{p^2}\right] + \cdots\cdots + \left[\dfrac{p^k-m}{p^{k-1}}\right] + \left[\dfrac{p^k-m}{p^k}\right]$
>
> です（k 個並べたので，0になるものも含んでいます）．

ここで，分母の方について，上下を**ペア**にすると，

$$\frac{m}{p} + \frac{p^k - m}{p} = p^{k-1} \quad \therefore \left[\frac{m}{p}\right] + \left[\frac{p^k - m}{p}\right] \leqq p^{k-1}$$

$$\frac{m}{p^2} + \frac{p^k - m}{p^2} = p^{k-2} \quad \therefore \left[\frac{m}{p^2}\right] + \left[\frac{p^k - m}{p^2}\right] \leqq p^{k-2}$$

………

$$\frac{m}{p^{k-1}} + \frac{p^k - m}{p^{k-1}} = p \quad \therefore \left[\frac{m}{p^{k-1}}\right] + \left[\frac{p^k - m}{p^{k-1}}\right] \leqq p$$

$$\frac{m}{p^k} + \frac{p^k - m}{p^k} = 1 \quad \therefore \left[\frac{m}{p}\right] + \left[\frac{p^k - m}{p}\right] \leqq 1$$

となります．各不等式において等号が成立するのは，

『ガウス記号内が整数のとき』

だけでした（例えば，$a + b = 5$ のとき，$[a] + [b]$ は

$$a = 2, \ b = 3 \ \Rightarrow \ [a] + [b] = 2 + 3 = 5,$$
$$a = 1.9, b = 3.1 \ \Rightarrow \ [a] + [b] = 1 + 3 = 4$$

などで，a, b とも整数のときだけ5です（第1章の再掲））．

すると，$1 \leqq m \leqq p^k - 1$ より，

$$0 < \frac{m}{p^k} < 1, \ 0 < \frac{p^k - m}{p^k} < 1$$

$$\therefore \ \left[\frac{m}{p^k}\right] + \left[\frac{p^k - m}{p^k}\right] = 0$$

05 | パスカルの三角形と二項定理②

です．よって，

$$\left[\frac{m}{p}\right] + \left[\frac{m}{p^2}\right] + \cdots\cdots + \left[\frac{m}{p^{k-1}}\right] + \left[\frac{m}{p^k}\right] +$$

$$\left[\frac{p^k-m}{p}\right] + \left[\frac{p^k-m}{p^2}\right] + \cdots\cdots + \left[\frac{p^k-m}{p^{k-1}}\right] + \left[\frac{p^k-m}{p^k}\right]$$

$$\downarrow \qquad \downarrow \qquad \qquad \downarrow \qquad \downarrow$$

$$\leqq \quad p^{k-1} \;+\; p^{k-2} \;+\; \cdots\cdots \;+\; p \;+\; 0$$

$$<\quad p^{k-1} \;+\; p^{k-2} \;+\; \cdots\cdots \;+\; p \;+\; 1$$

∴ （分子に含まれる素因数pの個数）
  　　　　＞（分母に含まれる素因数pの個数）

が成り立ちます．

証明おわり

***

　本章で扱ったのは，東大，京大で出題された内容だけあって，少し難しかったかもしれません．特に問題11.1は，本書の核心「フェルマーの小定理」の証明で登場します．頭の片隅に置いておいてください．

06

倍数判定と倍数の配置

本章では，3, 9, 7, 11 や 2, 4, 8, ……などの倍数判定を扱います．

例えば，12345678 が 7 や 11 で割り切れるかどうか，割り算をせずに分かるようになります．

また，倍数の配置についても考えます．こちらのキーワードは「**周期性**」です．

予備知識

不要な部分は読み飛ばしてください

3, 9 の倍数判定法の確認

3 の倍数の判定法

「ある自然数が 3 で割り切れる」条件は，「各位の数の和が 3 で割り切れる」ことである．

上記の判定法の使い方を見ましょう．

$$12345 = 3 \cdot 4115$$

より，12345 は 3 で割り切れます．

上記の判定法は,「各位の数の和

$$1+2+3+4+5=15=3\cdot 5$$

が3で割り切れるから,12345は3で割り切れる」と考えられる,ということです.

しかし,12345を3で割った商の4115は,「各位の数の和

$$4+1+1+5=11$$

が3で割り切れないので,3で割り切れない」ということ,つまり,12345は9では割り切れないことが分かります.

この例を用いて,判定法の意味を確認します.

10進法の定義を思い出すと,

$$12345=10000+2000+300+40+5$$

です.さらに,9で割り切れるものを取り出すと,

$$\begin{aligned}&(9999+1)+2(999+1)+3(99+1)+4(9+1)+5\\ =&(9999+2\cdot 999+3\cdot 99+4\cdot 9)+1+2+3+4+5\\ =&(9の倍数)+1+2+3+4+5\\ \equiv& 1+2+3+4+5 \pmod 9\end{aligned}$$

と計算できます.つまり,

『(12345を9で割った余り)
　＝(1+2+3+4+5を9で割った余り)』

ということで,

$$1+2+3+4+5=15$$

が3の倍数だが9の倍数ではないので, 12345 も3の倍数だが9の倍数ではありません.

> **9の倍数の判定法**
>
> 「ある自然数が9で割り切れる」条件は,「各位の数の和が9で割り切れる」ことである.

「27の倍数判定」などになると, これほど簡単ではありません. その辺りを考えるのが次の問題です.

> **問題 12** 2007灘中第1日[3]
>
> 207, 2007, 20007, ……… のように先頭が2で末尾が7, 間はすべて0である整数のうち, 27で割り切れるが, 81では割り切れないものを考える. この中で最も小さい数は□である.

→ 困ったら解答中の ヒント を見てください！

06 | 倍数判定と倍数の配置

解答

> **ヒント** 9で割った商がどうなるかを見たら分かりますね？

ここに現われる整数は，

$$2+0+ \cdots\cdots +0+7 = 9$$

より，すべて9で割り切れます．商は，例えば，

$$\begin{aligned}
\underbrace{2000007}_{7\text{桁}} &= 2\cdot 1000000 + 7 \\
&= 2\cdot(9\cdot 111111 + 1) + 7 \\
&= 9\cdot 222222 + 9\cdot 1 \\
&= 9\cdot \underbrace{222223}_{6\text{桁}}
\end{aligned}$$

となります．商を並べると

$$23,\ 223,\ 2223,\ 22223,\ \cdots\cdots$$

です．9で割った商が3や9で割り切れたら，元の数は27や81で割り切れます．よって，この中から，"3の倍数だが9の倍数ではないもの"を探せば良いことになります．

●どうやったら見つかりますか？

これらの各位の数の和を並べると，

$$2+3,\ 2+2+3,\ 2+2+2+3,\ \cdots\cdots$$

$$\therefore\ 5,\ 7,\ 9,\ 11,\ 13,\ \boxed{15},\ 17,\ \cdots\cdots$$

となっていることが分かります．

この中で，3の倍数だが9の倍数でない最初のものは15です．前から6個目のものなので，求めるべきは0が6個並んだ

$$20000007 \quad 〈こたえ〉$$

です．

➡ 商の各位の数の和を並べた

$$5, 7, 9, 11, 13, 15, 17, \cdots\cdots$$

は，どんどん大きくなります．mod 9で見ると，

$$5, 7, 0, 2, 4, 6, 8, 1, 3, 5, \cdots\cdots$$

と，簡単になります．これなら，周期が9になることが明確になり，207, 2007, 20007, ……… のうち，

$$6個目, 15個目, 24個目, \cdots\cdots$$

が題意を満たすものだと分かります．

解答ここまで

倍数判定の本質を身に付けるために，3や9の倍数についてもう1問やってみましょう．

問題 13

2003 灘中第1日[7]

6けたの整数 $5ABC15$ が999の倍数となるとき，3けたの整数 ABC は □ である．

→ 困ったら解答中の ヒント を見てください！

解答

ヒント 判定法の説明を見直してください．

$$5ABC15 = 5AB \cdot 1000 + C15$$
$$= 5AB \cdot 999 + 5AB + C15$$

と変形できるから，$5AB + C15$ が999の倍数になるものを求める問題です．

$$5AB + C15 \leqq 599 + 915 < 2 \cdot 999$$

より，

$$5AB + C15 = 999 \quad \therefore \quad B=4, A=8, C=4$$

なので，求める整数は

$$ABC = 844 \quad 〈こたえ〉$$

です．

判定法の本質でもあった999の性質

$$999 = 1000 - 1$$

を利用しました．これを用いず，"999の倍数配置"と"下2けた"に注目する解法もあります（解答としての精度は劣ります）．

問題13の別解 ▶▶▶

510015〜599915で999の倍数となるものは

$$511 \cdot 999 = 510489 \sim 600 \cdot 999 = 599400$$

なので，この中から下2けたが15になるものを探す問題です．

まず，下1けたが5なので，999と掛ける数は5の倍数

$$515, 525, 535, 545, 555, 565, 575, 585, 595$$

のいずれかです．

下2けたは100で割った余り $(\mathrm{mod}\ 100)$ で，順に

$$15, 25, 35, 45, 55, 65, 75, 85, 95$$

です．さらに，

$$999 \equiv -1 \ (\mathrm{mod}\ 100)$$

なので，$515 \cdot 999 \sim 600 \cdot 999$ は $\mathrm{mod}\ 100$ で

$$-15, -25, -35, -45, -55, -65, -75, -85, -95$$
$$\therefore \quad 85, 75, 65, 55, 45, 35, 25, 15, 5 \quad \leftarrow \boxed{+100}$$

です．下2けたが15になるのは，最後から2個目のもので，

$$585 \cdot 999 = 584415 \quad \therefore \quad ABC = 844 \quad 〈こたえ〉$$

です．

次は，2^n の倍数判定ですが，とても算数っぽい問題です．

10^n は 2^n で割り切れるので，

$\quad\quad 2^1$ で割り切れる　⇔　下1桁が 2^1 の倍数，

$\quad\quad 2^2$ で割り切れる　⇔　下2桁が 2^2 の倍数，

$\quad\quad 2^3$ で割り切れる　⇔　下3桁が 2^3 の倍数，

　　　………

です．しかし，n が大きくなると苦しくなります．

問題 14

2007 灘中第1日[7]

1, 2, 3, 4, 5, 6 の6つの数字を1度ずつ使ってできる6桁の整数であって，64の倍数であるもののうち，最も小さい数は123456で，最も大きい数は □ である．

→ 困ったら解答中の ヒント を見てください！

解答

ヒント 「1～6を1度ずつ」と「64の倍数」という2つの条件をバランス良く扱わないと,莫大な計算量になります.
上の「2^n で割り切れる」は『$n=3$』くらいまでが現実的範囲です.

64は4の倍数なので,考えるべき数は下2桁が4の倍数になっています($\because$ 100が4の倍数).「1～6を1度ずつ」より,

$$12, 16, 24, 32, 36, 52, 56, 64$$

のいずれかが下2桁の数です.

次に,考えるべき数は8の倍数です.1000が8の倍数なので,下3桁が8の倍数(mod 8で0)になるということです.

mod 8で,100の位は

$$100 \equiv 300 \equiv 500 \equiv 4,$$
$$200 \equiv 400 \equiv 600 \equiv 0$$

を意味しており,下2桁は

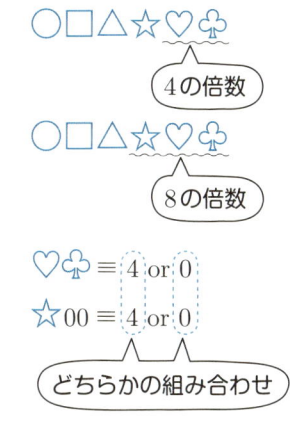

$$12 \equiv 4,\ 16 \equiv 0,\ 24 \equiv 0,\ 32 \equiv 0,\ 36 \equiv 4,\ 52 \equiv 4,$$
$$56 \equiv 0,\ 64 \equiv 0$$

となります.よって,可能な下3桁は,「100の位+下2桁」が,mod 8で「4+4」または「0+0」の組合せになるもの

312, 512, 216, 416, 624, 136, 536, 152, 352, 256, 456, 264

だけです（例えば，112は1を2度使うのでダメです）．

1〜6を1度ずつ使い，下3桁が上の形の数を，大きいものから調べていきます．64の倍数が見つかれば終わりです．

上2桁が65のとき，下3桁に5, 6が入らないものは312だけで，6桁のものは654312の1つしかありませんが，

$$654312 \div 64 = 10223.6 \cdots\cdots$$

より，不適です．

上2桁が64のとき，あり得るもので1番大きいのは，1000の位に5を入れた645312です．割ってみると

$$645312 \div 64 = 10083$$

となるから，これは適しています．

よって，求める数は

645312 〈こたえ〉

です．

解答ここまで

条件の使い方を誤ると，こんな悲惨なことになります…

問題14の別解 ▶▶▶

64の倍数より,初項123456,公差64の等差数列

$$123456,\ 123520,\ 123584,\ \cdots\cdots$$

を考えます.654321以下で考えるので,

$$123456 + 64(n-1) \leqq 654321 \quad \Leftrightarrow \quad 64n \leqq 530929$$
$$\therefore \quad n \leqq 8295$$

です.654321以下で最大の64の倍数は

$$123456 + 64\cdot 8294 = 654272$$

です.ここから64ずつ引いていき,1, 2, 3, 4, 5, 6が1個ずつになるものを,頑張って探すと,

$$654272,\ 654208,\ 654144,\ 654080,\ 654016,$$
$$653952,\ 653888,\ 653824,\ \cdots\cdots,\ \boxed{645312}$$
$$\therefore \quad 645132 \quad \langle こたえ\rangle$$

141個目…

です.

→ 当然,この解法は現実的ではありません(発見した瞬間の喜びは格別でしょうが…).

次は11, 18, 24の倍数に関する問題です.解答などの後には11の倍数判定法も紹介します.

問題 15　　　　　　　　　　　　1992灘中第1日[8]

整数を100から順に100, 101, 102, ……とある整数Nまで並べる．この中に18の倍数は49個あり，24の倍数は36個ある．Nが11の倍数となるとき，ある整数Nは□である．

→ 困ったら解答中の ヒント を見てください！

解答

ヒント　これまでのように，方程式でパッとは求まりません．

100以上の整数で18の倍数となる整数は，

$$\underbrace{108,\ 126,\ \cdots\cdots,\ 972}_{49個},\ 990,\ \cdots\cdots$$

です．ここで，

$$108 = 18 \cdot 6,\ 108 + 18(49-1) = 972$$

を用いました．よって，18の倍数が49個ある条件は

$$972 \leqq N < 990 \ \cdots\cdots\ ①$$

です．

次に，100以上の整数で24の倍数となる整数は，

$$\underbrace{120, 144, \cdots\cdots, 960,}_{36 個} 984, \cdots\cdots$$

です．ここで，

$$120 = 24 \cdot 5,\ 120 + 24(36-1) = 960$$

を用いました．よって，24の倍数が36個ある条件は

$960 \leqq N < 984$ ……… ②

です．

Nが満たす条件は，①かつ②の

$$972 \leqq N < 984 \quad \text{つまり} \quad 972 \leqq N \leqq 983$$

です．この範囲に入る11の倍数はただ1つで

$$N = 979 \quad 〈こたえ〉$$

です（$979 = 89 \cdot 11$）．

→ 不等式で絞る解法は初めてでした．大学入試問題の整数ではよくありますが，算数の範囲では解きにくいですね．

解答ここまで

18の倍数を判定してみよう.

中国の剰余定理より,

「x が 18 の倍数」
⇔ $x \equiv 0 \pmod{18}$
⇔ $x \equiv 0 \pmod 2$ かつ $x \equiv 0 \pmod 9$
⇔「1の位が偶数」かつ「各位の数の和が9の倍数」

です.

このようにして 18 の倍数判定は可能ですが,問題 15 は,個数を考える問題なので,

『18 個おきに 18 の倍数が登場する』

を用いる方が良いでしょう.

同様に,11 の倍数は 11 個おきに登場します.

先ほどの解答中では $972 \leqq N \leqq 983$ が得られました. 972, 983 がともに 11 の倍数でないので, 12 個の自然数

$$972, 973, \cdots\cdots, 983$$

の中には 11 の倍数が 1 つだけ含まれていると分かります.

少し離れたところに $990 = 11 \cdot 90$ という 11 の倍数があるので,

$$990 - 11 = 979$$

が,この範囲内で唯一の 11 の倍数です.

$$972, 973, 974, 975, 976,$$
$$977, 978, 979, 980, 981,$$
$$982, 983, 984, 985, 986,$$
$$987, 988, 989, 990, 991,$$
$$992, 993, 994, 995, 996$$

同じく,11で割った余りが等しいものが11周期で並んでいることを利用することもあります.

せっかくなので11の倍数を判定する方法も確認しておきましょう.

11の倍数判定には,

$$11 = 10 + 1, 99 = 100 - 1, 1001 = 1000 + 1$$
$$9999 = 10000 - 1, \cdots\cdots$$

が11の倍数であることを利用します.例えば,

『12345678は11の倍数?』

に答えてみましょう.

$$12345678$$
$$= 10000000 + 2000000 + 300000 + 40000 + 5000$$
$$\quad + 600 + 70 + 8$$
$$= (1000001 \underline{-1}) + 2(999999 \underline{+1})$$
$$\quad + 3(100001 \underline{-1}) + 4(9999 \underline{+1}) + \underline{5}(1001 \underline{-1})$$
$$\quad + \underline{6}(99 \underline{+1}) + \underline{7}(11 \underline{-1}) + \underline{8}$$
$$= (11 の倍数) \underline{-1} \underline{+2} \underline{-3} \underline{+4} \underline{-5} \underline{+6} \underline{-7} \underline{+8}$$
$$\equiv \underline{-1} \underline{+2} \underline{-3} \underline{+4} \underline{-5} \underline{+6} \underline{-7} \underline{+8} \pmod{11}$$
$$= 4$$

| 1 | 2 | 3 | 4 | 5 | 6 | 7 | 8 |
| − | + | − | + | − | + | − | + |

と変形できるので,11の倍数でないと分かります.

11の倍数の判定法

(1の位) − (10の位) + (100の位) − (1000の位) + (10000の位) − ………

が11の倍数か否かを考えれば良い.

最後に,7の倍数判定についても考えておきます.ここでは

$$1001 = 7 \cdot 143 \equiv 0 \quad \therefore \quad 1000 \equiv -1 \pmod{7}$$

であることを利用します.例えば,

『12345678は7の倍数?』

に答えてみましょう．

$$\begin{aligned}
&12345678\\
&= 12000000 + 345000 + 678\\
&= 12 \cdot (1000)^2 + 345 \cdot 1000 + 678\\
&\equiv 12 - 345 + 678 \pmod{7}\\
&= 345\\
&\equiv 2 \pmod{7}
\end{aligned}$$

$\boxed{\begin{aligned}345 - 350 &= -5\\ -5 + 7 &= 2\end{aligned}}$

より，12345678は7の倍数でないと分かります．

7の倍数の判定法

$$A + 1000 \cdot B + (1000)^2 \cdot C + (1000)^3 \cdot D + \cdots\cdots$$

と3桁ごとに区切り，

$$A - B + C - D + \cdots\cdots$$

が7の倍数か否かを考えれば良い．

比較的小さい数を考える場合は，以下を使います．

$$50 = 49 + 1 \equiv 1 \pmod{7}$$

＊＊＊

本章の内容は基本的ですが，後で引用する機会もあります．

07
約数とオイラーの関数

　本章では，約数の個数や総和について考え，さらに，「オイラーの関数」という新概念を導入します．**「循環小数の研究」**という最終到達地点に向けての道具が，これですべて揃います．

　約数を利用する面白い例から始めましょう．例えば，

$$\frac{1}{6}+\frac{1}{3}=\frac{1}{2}$$

という計算を見ると，「ちょっと美しいな」と思いませんか？

　実は，この計算のカラクリは，両辺を6倍すると分かります．

$$1+2=3$$

　6の約数の1, 2, 3を使った関係式を6で割ることで得られたのです．他にも

$$1+2+3=6$$

の両辺を6で割ると，

$$\frac{1}{6}+\frac{1}{3}+\frac{1}{2}=1$$

という関係式を作ることができます．

　次の灘中の問題は，兄弟の会話形式でこのテーマを扱っています．

問題 16

1995灘中第2日[1]

次の兄弟の会話をもとにして，問い(1)〜(4)に答えよ．

兄：$\dfrac{1}{2}+\dfrac{1}{3}+\dfrac{1}{6}=1$ のような式を作るためには，この式を6倍してみると $3+2+1=6$ となり6の約数の和が6になっている．このことを利用するんだよ．

弟：なるほど，36の約数の和で $12+4+2=18$ からは $\dfrac{1}{3}+\dfrac{1}{9}+\dfrac{1}{18}=\dfrac{1}{2}$ のような式が作れるということだね．

兄：よくわかったね．それでは，$\dfrac{1}{\bigcirc}+\dfrac{1}{\square}+\dfrac{1}{\triangle}=\dfrac{1}{3}$ となる例も作ってみなさい．

(1) ○, □, △に24の異なる約数を入れて式を1つ作れ．

兄：今度は少し難しいかな？分子が1で分母が120の約数である異なる3つの分数の和が $\dfrac{1}{2}$ になる式はいくつかあるが，分母に奇数が入っているものを作ってみなさい．

弟：表を作って準備したら，分母が偶数ばかりの式がわかったよ．

(2) 120の約数のすべてを右の表の中に書き入れよ．

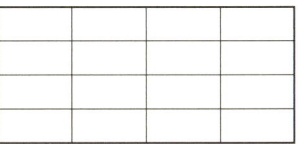

(3) 弟が作った式を書け．

(4) 兄が作ってほしいといった式を3つ作れ．

→ 困ったら解答中の ヒント を見てください！

解答

(1) **ヒント** まず，24の約数を書き出します．○, □, △の式を，整数の式にするためには何倍すると良いでしょうか？

24の約数は

$$1, 2, 3, 4, 6, 8, 12, 24$$

です．○, □, △の式を，整数の式にするために24倍します．

$$○ \cdot ● = 24, \quad □ \cdot ■ = 24, \quad △ \cdot ▲ = 24$$

となる24の約数●, ■, ▲が存在するので，24倍したら，

$$\frac{1}{○} + \frac{1}{□} + \frac{1}{△} = \frac{1}{3} \Leftrightarrow ● + ■ + ▲ = 8$$

となります．和が8になるような3つの約数は

$$● = 1, \quad ■ = 3, \quad ▲ = 4 \ (1+3+4=8)$$

しかないことが分かります．両辺を24で割って，

$$\frac{1}{24} + \frac{1}{8} + \frac{1}{6} = \frac{1}{3} \quad \langle こたえ \rangle$$

を得ます($○ = 24, \quad □ = 8, \quad △ = 6$).

142

(2) 素因数分解すると

$$120 = 2^3 \cdot 3 \cdot 5$$

1	2	3	4
5	6	8	10
12	15	20	24
30	40	60	120

となるので,約数は右の通りです. 〈こたえ〉

(3), (4)

> **ヒント** (2)を利用して,(1)のように考えてみましょう.
> (4)のこたえも同時に求まります.

整数の問題にするために,120倍します.

求める約数が○, □, △とすると,

$$○ \cdot ● = 120, □ \cdot ■ = 120, △ \cdot ▲ = 120$$

となる約数で

$$● + ■ + ▲ = 60$$

となるものを探す問題になります.

(2)で求めた約数から3つ選んで60を作ると,

$$40 + 15 + 5,\ 40 + 12 + 8,\ 30 + 24 + 6,\ 30 + 20 + 10$$

の4通りになります.

120で割ると,順に

$$\frac{1}{3} + \frac{1}{8} + \frac{1}{24},\ \frac{1}{3} + \frac{1}{10} + \frac{1}{15},\ \frac{1}{4} + \frac{1}{5} + \frac{1}{20},\ \frac{1}{4} + \frac{1}{6} + \frac{1}{12}$$

となります.分母が偶数ばかりなのは

$$\frac{1}{4}+\frac{1}{6}+\frac{1}{12}=\frac{1}{2} \quad \langle こたえ\rangle$$

です.

分母に奇数を含むのは

$$\frac{1}{3}+\frac{1}{8}+\frac{1}{24}=\frac{1}{2},\ \frac{1}{3}+\frac{1}{10}+\frac{1}{15}=\frac{1}{2},\ \frac{1}{4}+\frac{1}{5}+\frac{1}{20}=\frac{1}{2}$$

〈こたえ〉

の3つです.

解答ここまで

分子が1の分数を「**単位分数**」と呼びます.約数の性質を用いると,本問のように,分数を「単位分数分解」できます(これに関してはもう深入りしないでおきます).

約数について,もう少し考えてみましょう(120を例に).

$$120 = 2^3 \cdot 3 \cdot 5$$

より,120の約数は

$$2^a \cdot 3^b \cdot 5^c \quad (0 \leqq a \leqq 3,\ 0 \leqq b \leqq 1,\ 0 \leqq c \leqq 1)$$

の形で書けます.ただし,$2^0 = 3^0 = 5^0 = 1$(理由は後述)です.

(a, b, c) の決め方が

$$4 \cdot 2 \cdot 2 = 16 通り$$

あるので,約数は全部で16個あると計算でも分かります.

個数が事前に分かっていると，安心して列挙できます．

1) 小さい方から約数を探す
2) 「積が120になる**ペア**」を作り，大きいものを探す
3) $11^2 = 121 > 120$ より，10で終わる
　（「120の平方根」まで考えれば良いから）

1	2	3	4	5	6	10	~~12~~
120	60	40	30	24	20	12	~~10~~

積が120になるペアを意識していきましょう！

→ $2^0 = 1$（0乗は1）と定める理由は分かりますか？

キーワードは"整合性"です（再来！）．

実は，指数計算法則

$$2^a \cdot 2^b = 2^{a+b} \quad \longleftarrow \quad \underbrace{(2 \cdot 2 \cdots 2)}_{a \text{個}} \cdot \underbrace{(2 \cdot 2 \cdots 2)}_{b \text{個}} = \underbrace{2 \cdot 2 \cdots 2}_{a+b \text{個}}$$

が $a = 0$ でも意味をなすために，

$$2^0 \cdot 2^b = 2^{0+b}$$

より，$2^0 = 1$ としているんですね．整合性がとれるように．

1つ例を挙げておきます．ここまでの確認に加え，もう少し深入りしていきつつ，新しい公式も紹介します．

例

24を素因数分解すると

$$24 = 2^3 \cdot 3$$

となります.ゆえに,約数は

$$2^a \cdot 3^b \ (0 \leq a \leq 3, \ 0 \leq b \leq 1)$$

と表すことができて(ただし,$2^0 = 3^0 = 1$),個数は

$$4 \cdot 2 = 8 \text{個}$$

です.具体的に書くと,積が24になるペアで考えて,

$$1, \ 2, \ 3, \ 4,$$
$$24, \ 12, \ 8, \ 6$$

です.

次に,24の約数の**総和**を求めてみよう.

8個しかないので,実際に足してみると

$$1 + 2 + 3 + 4 + 6 + 8 + 12 + 24 = 60$$

です.この方法には限界があるので,もっと約数が多くても使える計算法を紹介しましょう.**全体を見通して**計算します.

$$\boxed{1 \cdot 1 \quad 2 \cdot 1 \quad 2^2 \cdot 1 \quad 2^3 \cdot 1}$$

$$\boxed{1 \cdot 3 \quad 2 \cdot 3 \quad 2^2 \cdot 3 \quad 2^3 \cdot 3}$$

より，先に行ごとに足すことで，求める総和は

$$\boxed{(1+2+2^2+2^3)\cdot 1} + \colorbox{cyan}{$(1+2+2^2+2^3)\cdot 3$}$$

$$= (1+2+2^2+2^3)(1+3) \cdots\cdots (☆)$$

と変形できます．

ここで，次の公式を用います（証明は後回し）．

公式 ❺ 等比数列の和の公式

初項1，公比 r の等比数列

$$a_1 = 1,\ a_2 = r,\ a_3 = r^2,\ \cdots\cdots,\ a_n = r^{n-1}$$

の n 項の和を計算すると，

$$1 + r^2 + r^3 + \cdots\cdots + r^{n-1} = \frac{r^n - 1}{r - 1}\ (r \neq 1)$$

である．

すると，総和は

$$\frac{2^4 - 1}{2 - 1} \cdot \frac{3^2 - 1}{3 - 1} = 15 \cdot 4 = 60$$

と求まります．(☆)の形がポイントになっています！

同様に考えると，例えば，$n = 2^9 \cdot 3^3 \cdot 5^2$の約数の総和が

$$(1 + 2 + 2^2 + \cdots\cdots + 2^9)(1 + 3 + 3^2 + 3^3)(1 + 5 + 5^2)$$
$$= \frac{2^{10} - 1}{2 - 1} \cdot \frac{3^4 - 1}{3 - 1} \cdot \frac{5^3 - 1}{5 - 1} = 1023 \cdot \frac{80}{2} \cdot \frac{124}{4}$$
$$= 1268520$$

となることが分かります．

では，後回しにした，和の公式(公式❺)の証明をやってみましょう．"ちょっとズラす"ことでペアを作り，差をうまく利用します．

$$\boxed{1 + r + r^2 + r^3}$$

1個ずらす　$\boxed{r + r^2 + r^3 + r^4} \rightarrow$

そろったところは引いたら消える

$-1\boxed{-r - r^2 - r^3}$
$\boxed{r + r^2 + r^3} + r^4$

$= -1 + r^4$
　　　　しゅわしゅわ〜

$= \underline{r^4 - 1}$

公式❺の証明

求める和を

$$S = 1 + r + r^2 + \cdots\cdots + r^{n-1}$$

とおきます．Sをr倍したら

$$\begin{aligned} rS &= r(1 + r + r^2 + \cdots\cdots + r^{n-1}) \\ &= r + r^2 + r^3 + \cdots\cdots + r^n \end{aligned}$$

となりますが，これからSを引いて，

$$\begin{aligned} rS &= r + r^2 + r^3 + \cdots\cdots + r^{n-1} + r^n \\ -)\ S &= 1 + r + r^2 + \cdots\cdots\cdots\cdots + r^{n-1} \\ \hline \end{aligned}$$

$$\therefore\ (r-1)S = -1 + 0 + 0 + 0 \cdots\cdots\cdots + 0 + r^n$$
$$= r^n - 1$$

$$\therefore\ S = \frac{r^n - 1}{r - 1}$$

と計算できます．これで公式が証明できました．

➡ 公比$r = 1$のとき，等比数列の和の公式を使うことはできません．なぜなら，分母が$r - 1 = 0$になってしまうからです．この場合，和Sは

$$S = \underbrace{1 + 1 + \cdots\cdots + 1}_{n\text{個}} = n$$

と計算します．

証明おわり

約数について,もう1つ,重要テーマがあります.「**オイラーの関数**」というもので,本書の核心に大きく近づくものです.

「$\varphi(24)$」というものがあります(φ:ファイ).それは,

『$1 \leqq n \leqq 24$を満たす整数nで,24と互いに素なもの(つまり,共通の素因数をもたないもの,いまは2,3で割り切れないもの)の個数』

を表す記号です.具体的には,24以下で24と互いに素なのは

$$1, 5, 7, 11, 13, 17, 19, 23$$

の8個です.この個数を

$$\varphi(24) = 8$$

と表すのです.一般に,次のように定めます.

言葉の定義

自然数nに対し,

$\varphi(n) = (n$以下の自然数でnと互いに素なものの個数$)$

とし,これを「**オイラーの関数**」と呼ぶ.

具体的には，

$$\varphi(1) = 1 \ \cdots \ 1\text{以下で}1\text{と互いに素なのは}1\text{のみ}$$
$$\varphi(2) = 1 \ \cdots \ 2\text{以下で}2\text{と互いに素なのは}1\text{のみ}$$
$$\varphi(3) = 2 \ \cdots \ 3\text{以下で}3\text{と互いに素なのは}1, 2$$
$$\varphi(4) = 2 \ \cdots \ 4\text{以下で}4\text{と互いに素なのは}1, 3$$
$$\varphi(5) = 4 \ \cdots \ 5\text{以下で}5\text{と互いに素なのは}1, 2, 3, 4$$

など．ここまでのまとめ問題をやりましょう（ノーヒント）．

問題 17

72について考える．

(1) 72の約数の総和を求めよ．

(2) $\varphi(72)$ を求めよ．

解答

素因数分解すると $72 = 2^3 \cdot 3^2$ です．

(1) 約数の総和は

$$(1 + 2^1 + 2^2 + 2^3)(1 + 3^1 + 3^2) = \frac{2^4 - 1}{2 - 1} \cdot \frac{3^3 - 1}{3 - 1}$$
$$= 15 \cdot 13 = 195 \quad \text{〈こたえ〉}$$

です．

(2) 2, 3で割り切れない72以下の自然数を列挙していくと,

$$1, 5, 7, 11, 13, 17, 19, 23, 25, 29, 31, 35,$$
$$37, 41, 43, 47, 49, 53, 55, 59, 61, 65, 67, 71$$

となり，ゆえに，頑張って個数を数えると，

$$\varphi(72) = 24 \quad \langle こたえ \rangle$$

です．

解答ここまで

(2)はかなり面倒です．数が大きくなると，処理できなくなりそうです．そこで，こう考えるわけです．

●オイラーの関数の計算公式はないのか？

もちろん，あります！

次の別解でその考え方を伝えます．

問題17 (2) の別解 ▶▶▶

ある整数 x が「72と互いに素」とは，

x : 2で割り切れない　かつ　x : 3で割り切れない

ということなので，合同式で書くと，

$$x \equiv 1 \pmod{2} \quad かつ \quad x \equiv 1, 2 \pmod{3}$$

ということです．mod 6で見ると，

$$x \equiv 1 \pmod{2} \quad \Leftrightarrow \quad x \equiv 1, 3, 5 \pmod{6}$$
$$x \equiv 1, 2 \pmod{3} \quad \Leftrightarrow \quad x \equiv 1, 2, 4, 5 \pmod{6}$$

なので，中国の剰余定理より，

$$x \equiv 1, 5 \pmod{6}$$

と言い換えることができます．整数を6で割った余りは，

$$\boxed{1}, 2, 3, 4, \boxed{5}, 0$$

で，周期6で循環します．「互いに素なら○，さもなくば×」とすると，

「○ × × × ○ ×」

ということで，72以下（周期が12個分）で考えると，この並びが12回繰り返されるので，

$$\varphi(72) = 12 \cdot 2 = 24 \quad \text{〈こたえ〉}$$

です．

これを公式にしておきましょう（証明は後ほど）．

公式 ❻ オイラーの関数の計算公式

$n = p_1{}^{k_1} \cdot p_2{}^{k_2} \cdot \cdots\cdots \cdot p_m{}^{k_m}$ と素因数分解されるとき,

$$\varphi(n) = n\left(1 - \frac{1}{p_1}\right)\left(1 - \frac{1}{p_2}\right)\cdots\cdots\left(1 - \frac{1}{p_m}\right)$$

である.

公式の意味は, 例えば, 『$\varphi(120)$ は,

$$120 = 2^3 \cdot 3 \cdot 5$$

より,

$$\begin{aligned}
\varphi(120) &= 120\left(1 - \frac{1}{2}\right)\left(1 - \frac{1}{3}\right)\left(1 - \frac{1}{5}\right) \\
&= 120 \cdot \frac{1}{2} \cdot \frac{2}{3} \cdot \frac{4}{5} = 32
\end{aligned}$$

と計算できる』ということです.

$$\varphi(1) = 1,\ \varphi(2) = 1,\ \varphi(3) = 2,\ \varphi(4) = 2,\ \varphi(5) = 4$$

で正しいことは確認してみてください.

これが本当に成り立つなら, オイラーの関数の値を求める計算が, 飛躍的に楽になりますね!

これを証明するためには, いくつかの補題を示す必要があります. 少し大変ですが, 地道に示していきましょう.

補題

1) $n = p$ (p は素数) のとき，$\varphi(p) = p - 1$
2) $n = p^k$ (p は素数) のとき，$\varphi(p^k) = p^{k-1}(p-1)$
3) a, b が互いに素なとき，$\varphi(ab) = \varphi(a)\varphi(b)$

証明

1) $1 \sim p-1$ までに p の倍数はないので，

$$\varphi(p) = p - 1$$

です．

2) $1 \sim p^k$ で p の倍数 (互いに素でないもの) は

$$p, 2p, 3p, \ldots\ldots, p^k \leftarrow \boxed{p^{k-1} \cdot p}$$

の p^{k-1} 個なので，全体の個数 (p^k 個) から **"否定の個数"** を引いて，

$$\varphi(p^k) = p^k - p^{k-1} = p^{k-1}(p-1)$$

です．

証明おわり

3) は難しいので,証明の前にイメージ作りをしておきます. $\varphi(72) = 24$ であったことを思い出しましょう.

$$72 = 2^3 \cdot 3^2$$

であり,2) より

$$\varphi(2^3) = 2^2(2-1) = 4,\ \varphi(3^2) = 3^1(3-1) = 6$$

ですから,3) の正しさを感じ取ることができます.

この例で証明のあらすじを確認しておきます.

8と互いに素な整数 x は mod 8 で

$$x \equiv 1,\ 3,\ 5,\ 7 \pmod{8}$$

の4種類 ($\varphi(8)$個)です(順に $a_i\ (1 \leqq i \leqq 4)$ とおきます).

また,9と互いに素な整数 x は mod 9 で

$$x \equiv 1,\ 2,\ 4,\ 5,\ 7,\ 8 \pmod{9}$$

の6種類 ($\varphi(9)$個)です(順に $b_j\ (1 \leqq j \leqq 6)$ とおきます).

72と互いに素な整数 x は,

$$x \equiv a_i \pmod{8} \quad \text{かつ}$$
$$x \equiv b_j \pmod{9}$$

となるから,中国の剰余定理より,

$$x \equiv c_{i,j} \pmod{72}$$

となる $c_{i,j}$ が1つずつ定まります（具体的には次の通りです）．このような

$c_{i,j}\ (1 \leq i \leq 4,\ 1 \leq j \leq 6)$

は全部で

$$4 \cdot 6 = 24 \text{種類}$$

あり，すべて異なります．これが，

$$\varphi(72) = \varphi(8)\varphi(9)$$

ということです．

	a_1	a_2	a_3	a_4
b_1	$c_{1,1}$	$c_{2,1}$	$c_{3,1}$	$c_{4,1}$
b_2	$c_{1,2}$	$c_{2,2}$	$c_{3,2}$	$c_{4,2}$
b_3	$c_{1,3}$	$c_{2,3}$	$c_{3,3}$	$c_{4,3}$
b_4	$c_{1,4}$	$c_{2,4}$	$c_{3,4}$	$c_{4,4}$
b_5	$c_{1,5}$	$c_{2,5}$	$c_{3,5}$	$c_{4,5}$
b_6	$c_{1,6}$	$c_{2,6}$	$c_{3,6}$	$c_{4,6}$

	1	3	5	7
1	1	19	37	55
2	65	11	29	47
4	49	67	13	31
5	41	59	5	23
7	25	43	61	7
8	17	35	53	71

「8, 9が互いに素」だから，中国の剰余定理を使えたことを注意しておきます．

3)の証明

$\varphi(a) = A$, $\varphi(b) = B$ とおきます.

まず,aについて,$1 \sim a$ で a と互いに素な自然数が A 個存在します.それらを順に

$$a_1, a_2, \cdots\cdots, a_A$$

とおきます.このとき,整数 x が a と互いに素とは,

$$x \equiv a_1, a_2, \cdots\cdots, a_A \pmod{a}$$

ということです.

同様に,$1 \sim b$ で b と互いに素な自然数

$$b_1, b_2, \cdots\cdots, b_B$$

があり,整数 x が b と互いに素とは,

$$x \equiv b_1, b_2, \cdots\cdots, b_B \pmod{b}$$

ということです.

a と b が互いに素であるから,中国の剰余定理より,各組 (i, j) $(1 \leqq i \leqq A, 1 \leqq j \leqq B)$ に対し,

$$x \equiv a_i \pmod{a} \quad \text{かつ} \quad x \equiv b_j \pmod{b}$$
$$\Leftrightarrow \quad x \equiv c_{i,j} \pmod{ab}$$

となる整数 $c_{i,j}$ が,ab を法としてただ1つ定まります.

逆に，xがabと互いに素であれば，

$$x \equiv a_i \pmod{a} \quad \text{かつ} \quad x \equiv b_j \pmod{b}$$

となる(i, j)がただ1組存在します．

このような$c_{i,j}$は全部で

$$(i\text{の決め方}) \cdot (j\text{の決め方}) = AB \text{種類}$$

あるので，

$$\varphi(ab) = AB = \varphi(a)\varphi(b)$$

です．これで証明できました．

証明おわり

　これまでに多くの概念を紹介してきましたが，少しずつ目標の地に近づいてきたという実感がありますね．

　ここまで来れば，本章のメインテーマ

$$\varphi(n) = n\left(1 - \frac{1}{p_1}\right)\left(1 - \frac{1}{p_2}\right)\cdots\cdots\left(1 - \frac{1}{p_m}\right)$$

も，証明できたも同然です．先ほど示した補題の使い方を考えるだけです．では，いってみましょう！

公式❻（オイラーの関数の計算公式）の証明

$n = p_1{}^{k_1} \cdot p_2{}^{k_2} \cdot \cdots\cdots\cdots \cdot p_m{}^{k_m}$ と素因数分解されるとき，異なる素数は互いに素ですから，補題の3)を繰り返し用いることができて，

$$\begin{aligned}
n &= \varphi(p_1{}^{k_1} \cdot p_2{}^{k_2} \cdot \cdots\cdots\cdots \cdot p_m{}^{k_m}) \\
&= \varphi(p_1{}^{k_1}) \cdot \varphi(p_2{}^{k_2} \cdot \cdots\cdots\cdots \cdot p_m{}^{k_m}) \\
&= \cdots\cdots\cdots \\
&= \varphi(p_1{}^{k_1}) \cdot \varphi(p_2{}^{k_2}) \cdot \cdots\cdots\cdots \cdot \varphi(p_m{}^{k_m})
\end{aligned}$$

となります．さらに，補題の2)を用いて

$$\begin{aligned}
\varphi(n) &= \varphi(p_1{}^{k_1}) \cdot \varphi(p_2{}^{k_2}) \cdot \cdots\cdots\cdots \cdot \varphi(p_m{}^{k_m}) \\
&= p_1{}^{k_1-1}(p_1-1) \cdot p_2{}^{k_2-1}(p_2-1) \cdot \cdots\cdots \\
&\quad \cdots\cdots \cdot p_m{}^{k_m-1}(p_m-1) \\
&= p_1{}^{k_1}\left(1 - \frac{1}{p_1}\right) \cdot p_2{}^{k_2}\left(1 - \frac{1}{p_2}\right) \cdot \cdots\cdots \\
&\quad \cdots\cdots \cdot p_m{}^{k_m}\left(1 - \frac{1}{p_m}\right) \\
&= p_1{}^{k_1} \cdot p_2{}^{k_2} \cdot \cdots\cdots\cdots \cdot p_m{}^{k_m} \\
&\quad \times \left(1 - \frac{1}{p_1}\right)\left(1 - \frac{1}{p_2}\right)\cdots\cdots\cdots\left(1 - \frac{1}{p_m}\right)
\end{aligned}$$

となります．

$n = p_1{}^{k_1} \cdot p_2{}^{k_2} \cdot \cdots\cdots\cdots \cdot p_m{}^{k_m}$ に注意して，

$$\varphi(n) = n\left(1 - \frac{1}{p_1}\right)\left(1 - \frac{1}{p_2}\right)\cdots\cdots\left(1 - \frac{1}{p_m}\right)$$

であることが分かります．これで示されました．

証明おわり

参考

$$\varphi(n) = n\left(1 - \frac{1}{p_1}\right)\left(1 - \frac{1}{p_2}\right)\cdots\cdots\left(1 - \frac{1}{p_m}\right)$$

の形は興味深いですね．

実は，$1 - \dfrac{1}{p_1}$ などは「**余事象の確率**」と考えることができ，n が p_1 の倍数なので，素数 p_1 で割りきれない確率を考えていることになります（**否定の利用！**）．

「確率の積」＝「"かつ"の確率」

が成り立っている状況を，各素数で割りきれるかどうかは「独立」である，というのでした（本書ではこれ以上は深入りしません．独立になるのは，n の素因数を考えているからです）．

大きな公式を証明した第7章ですが，その最後に，オイラーの関数についての面白い性質を紹介して，章を閉じようと思います．

実は，公式で計算すると，気付くことがあります．

$\varphi(1) = 1 \qquad \varphi(2) = 1 \qquad \varphi(3) = 2$

$$\varphi(4) = 2 \qquad \varphi(5) = 4 \qquad \varphi(6) = 2$$
$$\varphi(7) = 6 \qquad \varphi(8) = 4 \qquad \varphi(9) = 6$$
$$\varphi(10) = 4 \qquad \varphi(11) = 10 \qquad \varphi(12) = 4$$
$$\varphi(13) = 12 \qquad \cdots\cdots\cdots$$

$\varphi(n)$ の値は，ほとんどが偶数になっているのです！

◉一体，なぜだろう？

公式をよ〜く見ると，理由は分かってきます．つまり，

$$1 - \frac{1}{p} = \frac{p-1}{p} \quad (p：素数)$$

の分子 $p-1$ は $p=2$ のとき以外は**偶数**なので，n が**奇**素数を素因数に含むとき，$\varphi(n)$ の値は必ず**偶数**です．

奇素数を含まないときは違う方法を考えなければなりません．$n = 2^k \ (k \geqq 2)$ では，補題2)から

$$\varphi(2^k) = 2^{k-1}(2-1) = 2^{k-1} \ (k-1 > 0)$$

より，$\varphi(n)$ は**偶数**です．

よって，

> $\varphi(n)$ は $n=1, 2$ のとき以外は**偶数**である．

が成り立つことが分かります．

実は，これは計算公式を用いずに考える方が何倍も面白いので，もう一度考えてみましょう．

「互いに素なら○，さもなくば×」とすると，$n=15$ のとき，

1	2	3	4	5	6	7	8	9	10	11	12	13	14	15
○	○	×	○	×	×	○	○	×	×	○	×	○	○	×

です．また，$n=12$ のとき，

1	2	3	4	5	6	7	8	9	10	11	12
○	×	×	×	○	×	○	×	×	×	○	×

です．

これらから連想できるものは？

ヒントは…

『数学と理科ばかり解くガウス．』

です．

他には，「トマト」や「新聞紙」も…

そう，ポイントは

　　＜回文：前から読んでも後ろから読んでも同じ＞

でした．

『すうがくとりかばかりとくがうす．』

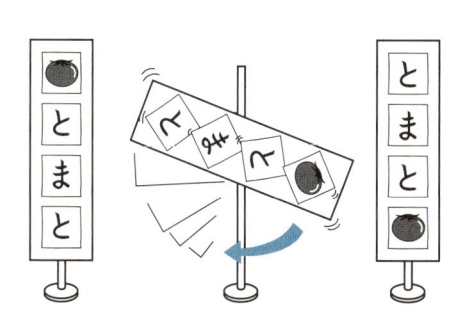

07 | 約数とオイラーの関数

先ほどの○×について，

　・最初は必ず○（1だから）

　・最後は必ず×（n自身だから）

　・最後から2個目は必ず○（nと$n-1$は互いに素）

となるので，最後の×を除いて○×の並びを見ると，

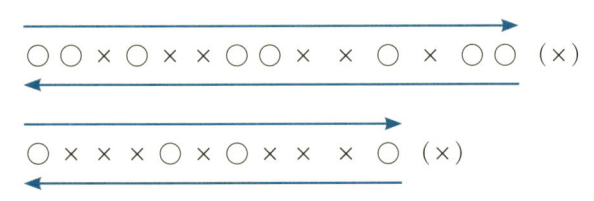

$$\longrightarrow$$
○○×○××○○××　○　×　○○　(×)
$$\longleftarrow$$

$$\longrightarrow$$
○×××○×○×××　○　(×)
$$\longleftarrow$$

となっており，確かに回文になっています．

回文になることをちゃんと証明するには，

　　　　nとaが互いに素　⇔　nと$n-a$が互いに素

が分かれば良いでしょう．

以下でそれを示してみましょう．

証明

nとaの最大公約数をdとおくと，

$n = Nd, a = Ad$（NとAは**互いに素**）………（∗）

とおけます．このとき，

$$n - a = (N - A)d$$

です．NとAが互いに素より，Nと$N-A$も互いに素です．

よって，dはnと$n-a$の最大公約数にもなるから，

nとaが互いに素　$\Leftrightarrow$　nと$n-a$が互いに素

です．これで回文になることが分かりました．

→ (∗)のおき方は，第10章で何度も利用します！

証明おわり

では，『$\varphi(n)$は$n=1$, 2のとき以外は偶数である』の確認の最終段階へ．

1) nが奇数($n \geqq 3$)のとき，$n-1$が偶数になります．

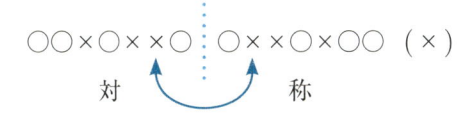

$$\bigcirc\bigcirc \times \bigcirc \times \times \bigcirc \vdots \bigcirc \times \times \bigcirc \times \bigcirc\bigcirc \quad (\times)$$
対　称

回文になることから，○の個数は必ず偶数です．

2) nが偶数($n \geqq 4$)のとき，$n-1$は奇数です．

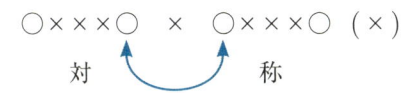

$$\bigcirc \times \times \times \bigcirc \quad \times \quad \bigcirc \times \times \times \bigcirc \quad (\times)$$
対　称

ちょうど真ん中にくるのは$\dfrac{n}{2}$で，1でないnの約数になっているから，×になります．よって，○は偶数個です．

以上で，$\varphi(n)$は$n=1$, 2のとき以外は偶数だということが，しっかり確認できました．

***

<u>問題20</u>に向けての長い長い道のりも，やっと終わりに近づいてきました．本章で紹介したオイラーの関数で，必要な道具はすべて揃いました．

また，等比数列も登場しましたが，次章では，等比数列を割った余りについての考察を行います．その中で，パスカルの三角形を用いて示した事実や，オイラーの関数などが現れます．『数学の世界が，奥の方でつながっている』ことが実感できる瞬間が訪れるはずです．

さらに，"整数論"の色彩が増して，抽象度が上がってきますが，これまでの難解な問題や理論，証明についてきてくださった読者諸氏なら，大丈夫です．

もう少しで最終到達地点ですので，あとひと頑張りです！

08
余りの周期とフェルマーの小定理

本章は，最終到達地点に向けての最後の詰めとなるものを扱います．少し難しい部分がありますが，もう一息，ラストスパートです！

> **問題 18**　　　　　　　　　　　　　　　　1999灘中第1日[5]
>
> 次のように2つの整数の積をつくる．
>
> $1 \times 1998, 2 \times 1997, 3 \times 1996, \cdots\cdots, 999 \times 1000$
>
> これら999個のうち，12で割り切れるものは □ 個ある．

→ 困ったら解答中の **ヒント** を見てください！

解答

ヒント　左右それぞれに周期があります．$12 = 2^2 \cdot 3$ です．

左側の数を12で割った余りは，周期12で

$$1, 2, 3, 4, 5, 6, 7, 8, 9, 10, 11, 0$$

の繰り返しです．

1998を12で割った余りは6なので，右側の数を12で割った余りは，周期が12で

$$6, 5, 4, 3, 2, 1, 0, 11, 10, 9, 8, 7$$

の繰り返しです（1ずつ減らしました）．

積の余りの求め方を覚えていますか？

『積の余りは，"余りの積"を割った余り』

でした．周期12になることを踏まえて，

$$1 \times 1998, 2 \times 1997, 3 \times 1996, \cdots\cdots$$

を12で割った余りは，余りの積が

$$1\cdot6, 2\cdot5, 3\cdot4, 4\cdot3, 5\cdot2, 6\cdot1,$$
$$7\cdot0, 8\cdot11, 9\cdot10, 10\cdot9, 11\cdot8, 0\cdot7$$

なので，これを12で割った余りの

$$6, 10, 0, 0, 10, 6, 0, 4, 6, 6, 4, 0$$

が繰り返されます．0は"1つの周期につき4個"あります．

$$999 = 83 \cdot 12 + 3$$

より，999個というのは周期が83個分とオマケが3項なので，12の倍数は

$$83 \cdot 4 + 1 = 333 \text{個} \quad \text{〈こたえ〉}$$

あります（下図参照↓）．

$$
\left.\begin{array}{l}
6, 10, \boxed{0}, \boxed{0}, 10, 6, \boxed{0}, 4, 6, 6, 4, \boxed{0} \\
\cdots\cdots \\
6, 10, \boxed{0}, \boxed{0}, 10, 6, \boxed{0}, 4, 6, 6, 4, \boxed{0}
\end{array}\right\} 83\text{個}
$$

$$6, 10, \boxed{0}$$

解答ここまで

等差数列をある数で割った余りは，周期的に変化します．

次は，等比数列をある数で割った余りの周期について考えてみましょう．問題を出すので，考えてみてください．

問題 19

1991 灘中第1日 [7]

1の位が異なる整数が2個ある．その1つの整数を2回以上何回か掛けると，1の位の数字が7になった．もう1つの整数を2回以上何回か掛けると，1の位の数字がやはり7になった．この2つの整数の掛け合わせる回数をいれかえると1の位の数字はどちらも□になる．

→ 困ったら解答中の **ヒント** を見てください！

08 | 余りの周期とフェルマーの小定理

解答

> **ヒント** 1の位の数というのは，mod 10で考えるということです．

1, 2, 3, 4, 5, 6, 7, 8, 9を何回か掛けたものの1の位の数を考えていくと，mod 10で計算して

$\{1^m の余り\}$: ①, ① → 周期1
$\{2^m の余り\}$: ②, 4, 8, 6, ② → 周期4
$\{3^m の余り\}$: ③, 9, 7, 1, ③ → 周期4
$\{4^m の余り\}$: ④, 6, ④ → 周期2
$\{5^m の余り\}$: ⑤, ⑤ → 周期1
$\{6^m の余り\}$: ⑥, ⑥ → 周期1
$\{7^m の余り\}$: ⑦, 9, 3, 1, ⑦ → 周期4
$\{8^m の余り\}$: ⑧, 4, 2, 6, ⑧ → 周期4
$\{9^m の余り\}$: ⑨, 1, ⑨ → 周期2

となります．2回以上掛けて1の位が7になるのは，

3を $4k-1$ 回
7を $4m-3$ 回

のみです．逆にすると，

3を $4m-3$ 回
7を $4k-1$ 回

で，いずれも1の位の数は

$$3 \quad \langle こたえ \rangle$$

です．

解答ここまで

解答を見ると，mod 10での余りの周期はすべて4の約数になりましたが…

◉これは偶然だろうか？

この問いに対する答えは，「フェルマーの小定理」と「オイラーの定理」から見えてきます．これらを紹介し，そして，証明し，意味を理解するのが本章の目的です．共にこの大きな山を乗り越えましょう！

→ 本章は，ここから理論中心になって，抽象的な証明が多くなります．長い証明が辛い場合，最初は軽く読み流してください（後に読み返されることをオススメしますが）．

例はしっかり確認して，公式の意味を理解してください．

$$a^{\star} \equiv 1 \pmod{n}$$

$$\begin{cases} 2^4 \equiv 1 \pmod{5} \\ 3^4 \equiv 1 \pmod{10} \\ 4^3 \equiv 1 \pmod{7} \end{cases}$$

→ $a, n, \star$にはどんな関係が？

そのこたえを教えてくれるのが…

◎nが素数　　⇨　フェルマーの小定理
◎nが自然数　⇨　オイラーの定理

公式 ❼　フェルマーの小定理

p は素数,a は整数とする.

a と p が互いに素なとき,つまり,a が p の倍数でないとき,

$$a^{p-1} \equiv 1 \pmod{p}$$

が成り立つ.

ちょっと分かりにくいので,公式の意味を確認してみます.

例えば,$p=5$ のとき,mod 5 で考えるから,$a=1, 2, 3, 4$ だけ考えれば十分でしょう.

$$『a^4 \equiv 1 \pmod{5}』$$

つまり,

『4乗したものを5で割った余りは必ず1になる』

と公式に書かれていますが,本当でしょうか？

$$1^4 = 1,\ 2^4 = 16 \equiv 1,\ 3^4 = 81 \equiv 1$$
$$4^4 = 256 \equiv 1 \pmod{5}$$

ですから,確かに成り立っています.不思議ですよね？

では,証明に移りたいと思いますが,予想通り,証明は少し大変です.まず,証明の準備として,いくつかの補題を用意します.これらが示せたら,フェルマーの小定理は,すぐに証明できます.

補 題

1) $p = 2$ のとき,フェルマーの小定理は成り立つ.

2) 奇素数 p と任意の自然数 a に対し,

   （$a > 0$ のみ）

   $$a^p \equiv a \pmod{p}$$

   が成り立つ.

3) 奇素数 p と任意の整数 a に対し,

   （$a = 0$, $a < 0$ も）

   $$a^p \equiv a \pmod{p}$$

   が成り立つ.

1)の証明

1) a と 2 が互いに素より,a は奇数で,

$$a^{2-1} = a \equiv 1 \pmod{2}$$

なので,成り立ちます(『奇数を何回掛けても奇数』です).

証明おわり

2), 3)の証明の前に…

$p=7$で確認してみよう.

mod 7 より, $a=0, 1, 2, 3, 4, 5, 6$だけでOKです.

$$0^7 \equiv 0,$$
$$1^7 \equiv 1,$$

$8 = 7 + 1 \equiv 1$

$$2^7 = 8 \cdot 8 \cdot 2 \equiv 1 \cdot 1 \cdot 2 = 2,$$

$27 = 28 - 1 \equiv -1$

$$3^7 = 27 \cdot 27 \cdot 3 \equiv (-1)(-1)3 = 3,$$
$$4^7 = (2^7)^2 \equiv 2^2 = 4,$$
$$5^7 = 125 \cdot 125 \cdot 5 \equiv (-1)(-1)5 = 5,$$

$125 = 18 \cdot 7 - 1 \equiv -1$

$$6^7 = 36 \cdot 36 \cdot 36 \cdot 6 \equiv 1 \cdot 1 \cdot 1 \cdot 6 = 6$$

$36 = 35 + 1 \equiv 1$

より, 確かに成り立っています.

2), 3)の証明に移りますが, 具体的な素数ではないので, 上記のように<u>シラミつぶしするのは不可能です</u>. こんなときに活躍するのは?

そう, もちろん数学的帰納法です!

2)は数学的帰納法で示し, 3)は2)を利用して示します.

2), 3)の証明

2) 奇素数pは固定して考えます．aに関する数学的帰納法で示します（合同式は$\mathrm{mod}\ p$）．

Ⅰ) $a=1$のとき，
$$1^p \equiv 1$$
は成り立ちます．

Ⅱ) $a=k$のときに
$$k^p \equiv k$$
が成り立つと仮定します．

この仮定を利用して，$a=k+1$のときにも
$$(k+1)^p \equiv k+1$$
が成り立つことを示します．

問題 11.1 ($_{素数}\mathrm{C}_\triangle$を考えた問題です！) より，

$$_p\mathrm{C}_1 \equiv 0,\ _p\mathrm{C}_2 \equiv 0,\ \cdots\cdots,\ _p\mathrm{C}_{p-1} \equiv 0$$

なので，二項定理で展開すると，

$$\begin{aligned}(k+1)^p &= k^p + {}_p\mathrm{C}_1 k^{p-1} + {}_p\mathrm{C}_2 k^{p-2} + \cdots\cdots + {}_p\mathrm{C}_{p-1} k + 1 \\ &\equiv k + 0 + 0 + \cdots\cdots + 0 + 1 \quad \text{(仮定より)} \\ &= k+1\end{aligned}$$

となります．ゆえに，$a=k+1$でも成り立ちます．

Ⅰ)，Ⅱ)から，数学的帰納法により，すべての自然数aで

$$a^p \equiv a \pmod{p}$$

が成り立つことが示されました．

3) $a=0$のときは明らかに成り立ちます．

$a<0$のとき，$a=-b$(bは自然数)とおけます．pが奇数であることと2)より，

$$a^p = (-b)^p = -b^p \equiv -b = a \pmod{p}$$

となり，目標の式が成り立つことが分かりました．

➡ 3)をもっと簡単に示すことはできます．

『2)より，$a=1\sim p$(p個)で成り立つので，$\mathrm{mod}\ p$では，すべての整数で成り立つ』とすれば良いのです．

証明おわり

これらを用いて，**公式❼**（**フェルマーの小定理**）を証明します．
補題2)，3)では，"互いに素"を仮定していないことに注意．

公式❼(フェルマーの小定理)の証明

『$a^{p-1} \equiv 1 \pmod{p}$』を示します($a$は$p$と互いに素).

補題1)より,$p=2$の場合は証明済みなので,以下ではpは奇数として考えます.

補題3)より,

$$a^p \equiv a \pmod{p}$$
$$\therefore \quad a^p = a + Np \quad (N:整数)$$
$$\Leftrightarrow \quad a(a^{p-1}-1) = Np \quad \cdots\cdots (*)$$

とおけます.aとpが互いに素なので,$(*)$はa, pの最小公倍数apの倍数になります.つまり,

$$\underline{a(a^{p-1}-1)} = Np = \underline{Map} \quad (M:整数)$$

とおけます.下線部が等しいから,aで割って,

$$a^{p-1}-1 = Mp \quad (N:整数)$$

となります.これは,

$$a^{p-1} \equiv 1 \pmod{p}$$

を意味しています.以上で示されました.

証明おわり

下準備をしっかりしたので,証明自体は短くて済みました.

実は,フェルマーの小定理には,驚くべき証明方法があります.

💡 **発想4.** **全体を見通して考える**の真骨頂と言えるほどのスマートさです.じっくり味わってください.

aとして$1 \sim p-1$のみ考えます.

公式❼の別証明(例証)

例えば,$p=7$のとき,

$$a = 1, 2, 3, 4, 5, 6$$

を考えれば十分です.例えば,$a=3$にしましょう.

$$1, 2, 3, 4, 5, 6$$

のそれぞれに3を掛けると,

$$3 \cdot 1, 3 \cdot 2, 3 \cdot 3, 3 \cdot 4, 3 \cdot 5, 3 \cdot 6$$

です.これらはmod 7で見て,すべて異なります.なぜなら,もし,同じものがあれば,

$$3m \equiv 3n \quad \text{つまり} \quad 3(m-n) \equiv 0 \pmod{7}$$

となりますが,3と7が互いに素なので,

$$m - n \equiv 0 \pmod{7}$$

となるからです．よって，mod 7で見て，

$$3\cdot1,\ 3\cdot2,\ 3\cdot3,\ 3\cdot4,\ 3\cdot5,\ 3\cdot6$$

には1, 2, 3, 4, 5, 6が1つずつ入っています．全部掛けてみると，どうなるのでしょうか？なんと，**全体**として，

$$3^6\cdot6! \equiv 6! \pmod{7}$$ この式がカギ

という関係式が作れてしまいます！しかも，6!と7が互いに素なので，

$$3^6 \equiv 1 \pmod{7}$$

と分かります．これがフェルマーの小定理の主張です．

この論法は，任意のa, pに拡張可能です．

証明おわり

鮮やかですよね!?この感動が数学の醍醐味です!!

鮮やかに示せたフェルマーの小定理ですが，別の言葉で言うと，『素数pの倍数でない整数aに対し，等比数列

$$a,\ a^2,\ a^3,\ a^4,\ a^5,\ \cdots\cdots$$

の$p-1$番目はmod pで必ず1になる』です．pで割った余りの周期としては，『$p-1$はすべてのaで共通周期』となります．では，

● **素数でないときはどうなるか？**

p の代わりに，15 にしてみます．

互いに素な a だけを $1 \sim 15$ で探すと，

$$a = 1, 2, 4, 7, 8, 11, 13, 14$$

です（$\varphi(15)=8$ より 8 個あるんでしたね）．これらを公比にして等比数列を作り，それを mod 15 で見ると，

$\{1^n\text{の余り}\}: \underline{1}, \underline{1}, \underline{1}, \underline{1}, \underline{1}, \underline{1}, \underline{1}, \underline{1}$

$\{2^n\text{の余り}\}: 2, 4, 8, \underline{1}, 2, 4, 8, \underline{1}$

$\{4^n\text{の余り}\}: 4, \underline{1}, 4, \underline{1}, 4, \underline{1}, 4, \underline{1}$

$\{7^n\text{の余り}\}: 7, 4, 13, \underline{1}, 7, 4, 13, \underline{1}$

$\{8^n\text{の余り}\}: 8, 4, 2, \underline{1}, 8, 4, 2, \underline{1}$

$\{11^n\text{の余り}\}: 11, \underline{1}, 11, \underline{1}, 11, \underline{1}, 11, \underline{1}$

$\{13^n\text{の余り}\}: 13, 4, 7, \underline{1}, 13, 4, 7, \underline{1}$

$\{14^n\text{の余り}\}: 14, \underline{1}, 14, \underline{1}, 14, \underline{1}, 14, \underline{1}$

となります．ここで何かに気付きますか？

『どれも 4 番目の場所には $\underline{1}$ がある』

ということに！よって，どれも同期 4 になります．

例えば，2^n の余りを見ると

$$\boxed{2, 4, 8, 1,}\ \boxed{2, 4, 8, 1,}\ \boxed{2, 4, 8, 1,}\ \boxed{2, \cdots}$$

ですが，

$$\boxed{2, 4, 8, 1,\ 2, 4, 8, 1}\ \boxed{2, 4, 8, 1, 2, \cdots}$$
$$\boxed{2, 4, 8, 1,\ 2, 4, 8, 1,\ 2, 4, 8, 1}\ \boxed{2, \cdots}$$

と考えれば

$$4, 8, 12, 16, 20, \cdots$$

が周期になります．

他も同様なので，

$$4, 8, 12, 16, 20, \cdots\cdots\cdots$$

がすべてに共通の周期になります．残念ながら，$14\,(=15-1)$ は共通の周期ではありません．

◉一般に，何か法則が働くのか？

この問いに対するこたえが次の公式です．

> #### 公式 ❽　オイラーの定理
>
> n は自然数，a は整数とする．a と n が互いに素なとき，
> $$a^{\varphi(n)} \equiv 1 \pmod{n}$$
> が成り立つ．
>
> ここで，$\varphi(n)$ は「n 以下の自然数で n と互いに素なものの個数」を表す"オイラーの関数"である．

n が素数 p のとき，$\varphi(p) = p - 1$ ですから，オイラーの定理は，フェルマーの小定理そのものです．

先ほどの $n = 15$ の例（$\varphi(15) = 8$，最小の共通周期 4）はこれを

満たしています.しかも,『$\varphi(n)$が最小の共通周期になる』というわけではない,と分かります(最小周期は$\varphi(n)$の約数).

一般的な証明は少し難しいので,例証にとどめます.

例 証

例えば,$n=45=3^2\cdot 5$のとき,$a=7$として考えます.(具体的な計算は行わないようにします).

まず,
$$\varphi(n)=\varphi(3^2)\cdot\varphi(5)$$
となり,さらに
$$\varphi(3^2)=3\,(3-1),\ \varphi(5)=5-1$$
です.

フェルマーの小定理より,$\mathrm{mod}\,5$で
$$7^{\varphi(45)}=(7^{\varphi(5)})^{\varphi(3^2)}\equiv 1^{\varphi(3^2)}=1\ \cdots\ ①$$
となります.

次に,
$$7^{\varphi(3^2)}\equiv 1\ (\mathrm{mod}\ 3^2)$$
を示します.

フェルマーの小定理より,$\mathrm{mod}\,3$で
$$7^{3-1}\equiv 1$$
なので,
$$7^{3-1}=3k+1$$

とおけます．

ゆえに
$$7^{\varphi(3^2)} = (7^{3-1})^3 = (3k+1)^3$$
$$= (3k)^3 + {}_3C_1(3k)^2 + {}_3C_2(3k) + 1$$
となります．
$$_3C_1, \ _3C_2$$
は3の倍数なので，
$$7^{\varphi(3^2)} \equiv 1 \pmod{3^2}$$
です．

よって，
$$7^{\varphi(45)} = (7^{\varphi(3^2)})^{\varphi(5)} \equiv 1 \pmod{3^2} \quad \cdots ②$$
となります．

中国の剰余定理から，

① かつ ② ⇔ $7^{\varphi(45)} \equiv$ ■ $\pmod{3^2 \cdot 5}$

となる■が，$\mod 3^2 \cdot 5$ で1つだけ存在します．

■=1のとき，①，②が成り立つので，■=1だと分かります．

よって，
$$7^{\varphi(45)} \equiv 1 \pmod{45}$$
となることが示されました．

例証おわり

例証でも十分に定理の成り立ちは理解できると思います．一般的には，nの素因数分解を文字において，例証と同様の流れで証明できます（文字が多くなって，本質以外の部分が煩雑になります）．

では，定理を見返しておきましょう．

『自然数nと互いに素な整数aに対し，等比数列

$$a, a^2, a^3, a^4, a^5, \cdots\cdots$$

の$\varphi(n)$番目は$\mathrm{mod}\ n$で必ず1になり，しかも$\varphi(n)$がすべてのaで共通周期』というのがオイラーの定理です．

●互いに素でないときはどうなるか？

これが分かれば，「等比数列を自然数で割った余りの周期」は完全に分類できます．まずは，具体例で様子を探りましょう．

例.1　$\mathrm{mod}\ 2^3$での周期

nが1つの素因数のみからなるときの例として$n=8$を考えます．以下，合同式は$\mathrm{mod}\ 8$です．

$a=1, 2, 3, 4, 5, 6, 7$で考えれば十分です．また，$\varphi(8)=4$であることを注意しておきます．

$\{1^m\text{の余り}\}: \underline{1}, \underline{1}, \underline{1}, \underline{1}$

$\{2^m\text{の余り}\}: 2, 4, 0, 0$

$\{3^m\text{の余り}\}: 3, 1, 3, \underline{1}\quad(9=8+1\equiv 1)$

$\{4^m\text{の余り}\}: 4, 0, 0, 0$

$\{5^m\text{の余り}\}: 5, 1, 5, \underline{1}\quad(25=24+1\equiv 1)$

$\{6^m\text{の余り}\}: 6, 4, 0, 0\quad(36=32+4\equiv 4,\ 24\equiv 0)$

$\{7^m\text{の余り}\}: 7, 1, 7, \underline{1}\quad(49=48+1\equiv 1)$

1, 3, 5, 7は8と互いに素なので，オイラーの定理から，4乗が1と合同になります（特に，今回は2乗でも1と合同になっており，最小の共通周期は2です）．

2, 4, 6は8と互いに素ではありません．これらは，4乗までに0と合同になり，以降はすべて0と合同になっています．

例.2　$\bmod 2^2 \cdot 3$ での周期

nが複数の素因数からなるときの例として$n=12$を考えます．以下，合同式は$\bmod 12$です．

$a=1, 2, 3, 4, 5, 6, 7, 9, 11$で考えれば十分です．また，$\varphi(12)=4$であることを注意しておきます．

$\{1^m$の余り$\}$：$1, 1, 1, \underline{1}$

$\{2^m$の余り$\}$：$2, 4, 8, 4$　$(16=12+4\equiv 4)$

$\{3^m$の余り$\}$：$3, 9, 3, 9$　$(27=24+3\equiv 3)$

$\{4^m$の余り$\}$：$4, 4, 4, 4$　$(16=12+4\equiv 4)$

$\{5^m$の余り$\}$：$5, 1, 5, \underline{1}$　$(25=24+1\equiv 1)$

$\{6^m$の余り$\}$：$6, 0, 0, 0$　$(36\equiv 0)$

$\{7^m$の余り$\}$：$7, 1, 7, \underline{1}$　$(49=48+1\equiv 1)$

$\{8^m$の余り$\}$：$8, 4, 8, 4$　$(64=60+4\equiv 4, 32=24+8\equiv 8)$

$\{9^m$の余り$\}$：$9, 9, 9, 9$　$(81=72+9\equiv 9)$

$\{10^m$の余り$\}$：$10, 4, 4, 4$
$$(100=96+4\equiv 4, 32=24+8\equiv 8)$$

$\{11^m$の余り$\}$：$11, 1, 11, \underline{1}$　$(121=120+1\equiv 1)$

バラエティーに富んだ結果ですので,分類してみましょう！

1) 1, 5, 7, 11 は 12 と互いに素なので,オイラーの定理から,4乗が1と合同になります（特に,今回は2乗でも1と合同になっており,最小の共通周期は2です）.

互いに素でないものは,まとめては説明できません.

2) 12と互いに素なもののうち6だけは,4乗までに0と合同になり,以降は0と合同になっています.

3) 12と互いに素でないもののうち,2, 3, 4, 8, 9, 10の場合は,1と合同なものは現れないけれど,4乗までにそれまでに登場したものと合同となるものがあって,周期4で変化しています（最小共通周期は2）.

● 6が特殊な理由は何だろうか？

12の素因数2, 3を<u>ともに素因数にもつ</u>からです．つまり,「十分多く掛ければ6^nは必ず12の倍数になる」のです（今回は$n \geq 2$）．一方,9や10などは,12の素因数2, 3の一部しか素因数にもたないので,何度掛けようとも12の倍数にはなりません．

これを元に,「**等比数列をある数で割った余りの周期**」について,次のようにまとめることができます．

1) は,オイラーの定理です．
2) は,上で説明した6の特殊性と同様です．
3) は,まだ詳細は不明ですが,結論を先に述べておきます．証明は後で行います．

> **まとめ** 等比数列を割った余り周期

素因数分解が $n = p_1^{k_1} \cdot p_2^{k_2} \cdot \cdots\cdots \cdot p_m^{k_m}$ のとき,

$a = A \cdot p_1^{a_1} \cdot p_2^{a_2} \cdot \cdots\cdots \cdot p_m^{a_m}$ (A, n は互いに素)

とおき, a^N を n で割った余り ($\mod n$) の周期を考える.

1) $a_1 = a_2 = \cdots\cdots = a_m = 0$ (つまり, a と n が互いに素)
のとき, **公式❽**から

$a^{\varphi(n)} \equiv 1 \pmod{n}$

$\underbrace{a, a^2, \cdots, a^{\varphi(n)}(\equiv 1)}_{\varphi(n)\text{個}} | a, \cdots$

となるので, $\varphi(n)$ は余りの周期である.

2) $a_1 \neq 0, a_2 \neq 0, \cdots\cdots, a_m \neq 0$ (つまり, a が n の素因数をすべて含む) のとき,

$a_1 N \geq k_1,\ a_2 N \geq k_2,\ \cdots\cdots,\ a_m N \geq k_m$

を満たす N で, 常に

$a^N \equiv 0 \pmod{n}$

$a, a^2, \cdots, \underbrace{|0|}_{1\text{個}}, 0, \cdots$

となるから, 途中から周期1になる (『十分大きい N では常に n の倍数になる』ということ).

3) その他のとき, a と n は互いに素でないので,

$a^{\varphi(n)} \not\equiv 1 \pmod{n}$

$\underbrace{a, a^2, \cdots, a^{\varphi(n)}}_{\varphi(n)\text{個}} | a, \cdots$

だが, 十分大きい N では, 余りは周期 $\varphi(n)$ になる.

3) の一般的な証明は少し難しいので,例証にとどめます.

『$n=2^2\cdot 3^3\cdot 5^5\cdot 7^7$, $a=13\cdot 2^1\cdot 3^2$ のとき,

$$a,\ a^2,\ a^3,\ a^4,\ a^5,\ \cdots\cdots$$

を n で割った余りが,周期 $\varphi(n)$ $(=\varphi(2^2)\varphi(3^3)\varphi(5^5)\varphi(7^7))$ で変化すること』を示します.

3) の例証

まず,a を積で表したとき,n と互いに素な部分を A とおくと,$A=13$ です.オイラーの定理より,

$$A^{\varphi(n)}\equiv 1\ (\mathrm{mod}\ n)$$

ですから,$\varphi(n)$ は $\{A^N\}$ の $\mathrm{mod}\ n$ での周期です.

次に,n と a に共通な素因数 2 に注目します.$\mathrm{mod}\ 2^2$ で

$$2,\ 2^2,\ 2^3,\ 2^4,\ 2^5,\ \cdots\cdots$$
$$3^2,\ (3^2)^2,\ (3^2)^3,\ (3^2)^4,\ (3^2)^5,\ \cdots\cdots$$

の周期を考えます.前者は,

$$2,\ 0,\ 0,\ 0,\ 0,\ \cdots\cdots$$

より,十分大きい N で

$$2^N\equiv 0\ (\mathrm{mod}\ 2^2)$$

ですから，$\varphi(n)$は周期です．後者は，オイラーの定理より，

$$(3^2)^{\varphi(2^2)} \equiv 1$$
$$\therefore \quad (3^2)^{\varphi(n)} \equiv \{(3^2)^{\varphi(2^2)}\}^{\varphi(3^3)\varphi(5^5)\varphi(7^7)} \equiv 1 \pmod{2^2}$$

ですから，$\varphi(n)$は周期です．

以上から，十分大きいNで$\varphi(n)$は$\{(2^1 \cdot 3^2)^N\}$の$\mathrm{mod}\ 2^2$での周期です．

同様に，十分大きいNで$\varphi(n)$は$\{(2^1 \cdot 3^2)^N\}$の$\mathrm{mod}\ 3^3$での周期です．

最後に，共通でない素因数5に注目します．$\mathrm{mod}\ 5^5$で

$$2^1 \cdot 3^2,\ (2^1 \cdot 3^2)^2,\ (2^1 \cdot 3^2)^3,\ (2^1 \cdot 3^2)^4,\ (2^1 \cdot 3^2)^5,\ \cdots\cdots$$

の周期を考えます．$2^1 \cdot 3^2$と5^5が互いに素なので，オイラーの定理より，

$$(2^1 \cdot 3^2)^{\varphi(5^5)} \equiv 1$$
$$\therefore \quad (2^1 \cdot 3^2)^{\varphi(n)} = \{(2^1 \cdot 3^2)^{\varphi(5^5)}\}^{\varphi(2^2)\varphi(3^3)\varphi(7^7)} \equiv 1 \pmod{5^5}$$

ですから，$\varphi(n)$は周期です．

同様に，$\varphi(n)$は$\{(2^1 \cdot 3^2)^N\}$の$\mathrm{mod}\ 7^7$での周期です．

ここまでの結果から，十分大きいNで，$\varphi(n)$は$\{(2^1 \cdot 3^2)^N\}$の$\mathrm{mod}\ 2^2,\ 3^3,\ 5^5,\ 7^7$での共通周期になっています．中国の剰余定理から，$\mathrm{mod}\ n$での周期にもなっています．しかも，$\varphi(n)$は

$\{A^N\}$ の mod n での周期ですから,

『十分大きい N で $\varphi(n)$ は $\{a^N\}$ の mod n での周期』

となります.

3)の例証おわり

---

column

オイラーってどんな人？

　これまで何度となく「オイラー」の名前が登場しました（声に出すとちょっと微笑んでしまうような響きですよね）．ドイツ語表記では「Euler」です．

　およそ300年前に生まれたこの天才数学者の業績は数えきれませんが，その中には我々にもとても身近なものがあります．

　彼が考案した記号が現代にも多く残されているのです．

　自然対数の底 e（オイラー数，ネイピア数ともいいます）だけでなく，円周率 π や虚数単位 i もオイラーが考案したものだそうです．

　この3つを組み合わせたら，数学界でも最もシンプルで美しい公式

$$e^{(i\pi)} = -1$$

になることは，有名ですね．

　ちなみに，オイラーが生まれた1707年は，日本では江戸時代（宝永4年）です．この年には，大地震の後に，富士山が大噴火を起こしたようです．

　例証でも十分に納得できると思います．一般的には，n と a の素因数分解を文字でおいて考えます（文字だらけになり，本質が見えにくくなります）．

　ここまでから，等比数列を n で割った余りは，必ず $\varphi(n)$ が周期になることが分かりました．よって，どんな周期も $\varphi(n)$ の約数です．

∗ ∗ ∗

　やっと**問題20**に到着です．特に本章は，"整数論"の要素が強く，難解でした．次章では，結果だけ使用しますので，細かい証明は一旦，忘れても大丈夫です．

09 循環小数の徹底研究

次の問題が本書の目的地です．やっとここまで到達できました．本章には，これまでに紹介してきた様々な道具が登場します．算数と数学の奥深さを感じていただきたいと思います．また，まえがきにも書いた通り，**問題20**にはいろいろな解法があります．"標準解法"，"算数的解法"，"問題作成者目線の解法"の3種類を挙げます．じっくりと楽しんでください．

問題 20 2010灘中第1日[5]

6けたの整数$ABCDEF$で，一番上の位の数字Aを一番下の位に移した数$BCDEFA$がもとの数の3倍になるものは，ちょうど2つあります．このような数$ABCDEF$のうち大きい方をxとすると，$x = \boxed{}$です．

また，$\dfrac{x}{999999}$をできる限り約分した分数は$\boxed{}$です．

→ 困ったら解答中の ヒント を見てください！

解答1（数学的解法）

> **ヒント** 5桁分を塊で捉えましょう！10進法とは…？

下5桁を

$$y = BCDEF$$

とおくと，

$$ABCDEF = 100000A + y,$$
$$BCDEFA = 10y + A$$

なので，題意から，

$$3(100000A + y) = 10y + A$$
$$\Leftrightarrow 299999A = 7y$$
$$\therefore 42857A = y$$

です．y が5桁の自然数なので，

$$A = 1, 2$$

しかありえません（確かに"2つ"です）．大きい方は，

$$A = 2, y = 2 \times 42857 = 85714$$
$$\therefore x = 285714 \quad \langle こたえ \rangle$$

です．また，

$$\frac{x}{999999} = \frac{285714}{999999} = \frac{2}{7} \quad \langle こたえ \rangle$$

です．

解答ここまで

解答として見えていないところで,約分はかなり頑張りました.

分母は明らかに9で割り切れ,分子も

$$(各位の和) = 2+8+5+7+1+4 = 27$$

より,9で割り切れます(9の倍数判定).よって,まず

$$\frac{285714}{999999} = \frac{31746}{111111}$$

と約分できます.さらに,分母分子で各位の和を計算して,

$$1+1+1+1+1+1 = 6, 3+1+7+4+6 = 21$$

より,いずれも3で割れます(9では割り切れません).「分母は奇数,分子は偶数」に注意して,

$$\frac{31746}{111111} = \frac{2 \cdot 5291}{37037}$$

となります.そもそもの形から分母は11で割り切れるので,分子が11で割り切れるかをチェックします(11の倍数判定).

$$(1の位) - (10の位) + (100の位) - (1000の位)$$
$$= 1-9+2-5 = -11$$

より,分母,分子ともに11で割れて,約分すると,

$$\frac{2 \cdot 5291}{37037} = \frac{2 \cdot 481}{3367}$$

となります.そろそろ素因数分解してみると,

$$481 = 13 \cdot 37,\ 3367 = 7 \cdot 13 \cdot 37$$

$$\therefore\ \frac{2 \cdot 481}{3367} = \frac{2}{7}$$

です．倍数判定を覚えておいて，良いことがありましたね．

では，第2の解法へ．

解答2（算数的解法）

ヒント 丁寧に1けたずつ数字を特定していきます．

"覆面算"の問題として考えます（覆面算という言葉を知らなくても，以下を見れば分かります）．

うまく計算が合うように，枠に1桁の自然数を入れます．

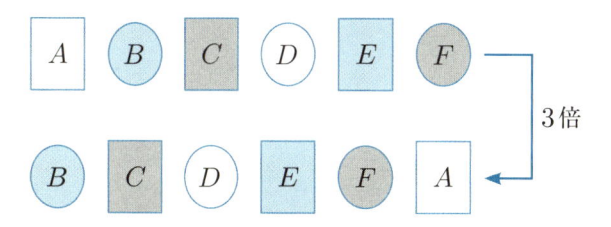

$A B C D E F$

$B C D E F A$　　3倍

$\underline{A = 1\ \text{のとき}}$

3倍

Fは3倍して1の位が1になるので,$F=7$しかありえません.

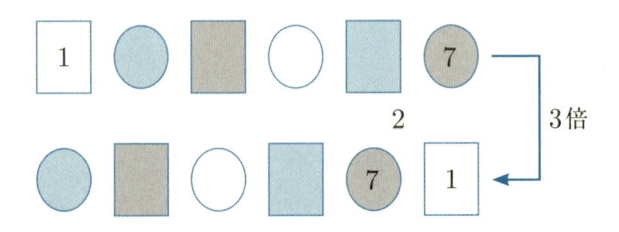

```
[1] ( ) [ ] ( ) [ ] (7)
                    2        ┐
( ) [ ] ( ) [ ] (7) [1]      │ 3倍
                             ┘
```

2が繰り上がっていることに注意して,Eは3倍して1の位が5になる数ですから,$E=5$しかありません.

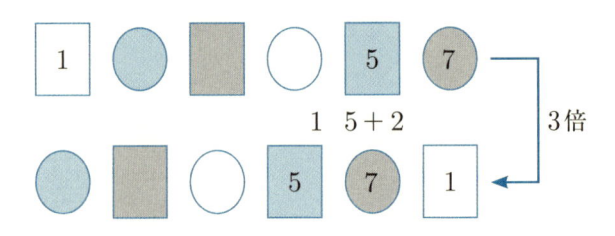

```
[1] ( ) [ ] ( ) [5] (7)
                1  5+2       ┐
( ) [ ] ( ) [5] (7) [1]      │ 3倍
                             ┘
```

以下,同様に考えて

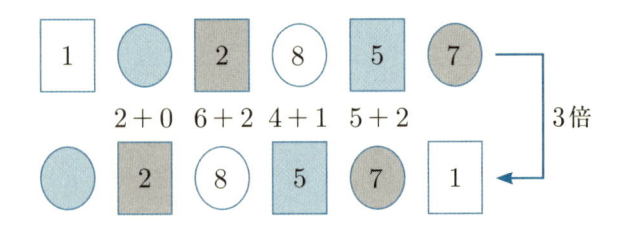

```
[1] ( ) [2] (8) [5] (7)
     2+0 6+2 4+1 5+2         ┐
( ) [2] (8) [5] (7) [1]      │ 3倍
                             ┘
```

となります.最後にBは3倍して1の位が2になるので,$B=4$しかありません.

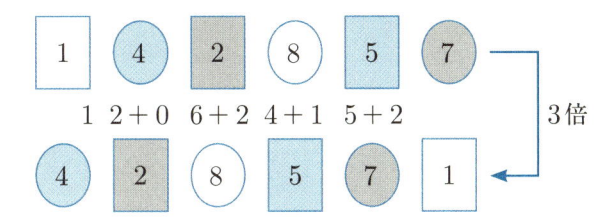

$$\boxed{1}\ \bigcirc\!\!\!4\ \boxed{2}\ \bigcirc\!8\ \boxed{5}\ \bigcirc\!\!\!7$$

$$1\quad 2+0\quad 6+2\quad 4+1\quad 5+2$$

$$\bigcirc\!\!\!4\ \boxed{2}\ \bigcirc\!8\ \boxed{5}\ \bigcirc\!\!\!7\ \boxed{1}$$

3倍

最終チェックです．$A=1$ を3倍したら3になり，全体としてうまく整合性がとれています．

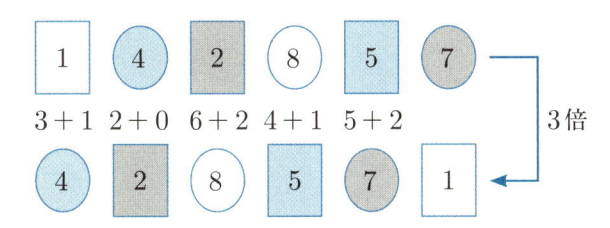

$$\boxed{1}\ \bigcirc\!\!\!4\ \boxed{2}\ \bigcirc\!8\ \boxed{5}\ \bigcirc\!\!\!7$$

$$3+1\quad 2+0\quad 6+2\quad 4+1\quad 5+2$$

$$\bigcirc\!\!\!4\ \boxed{2}\ \bigcirc\!8\ \boxed{5}\ \bigcirc\!\!\!7\ \boxed{1}$$

3倍

よって，これは適しています．

$A=2$ のとき

$A=1$ のときと同様に

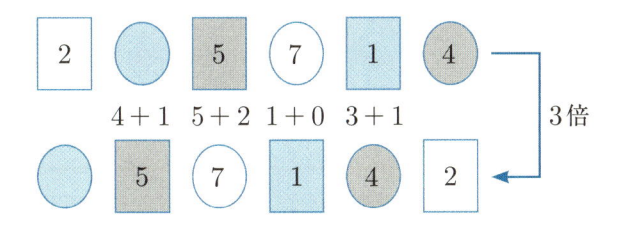

$$\boxed{2}\ \bigcirc\ \boxed{5}\ \bigcirc\!7\ \boxed{1}\ \bigcirc\!\!\!4$$

$$4+1\quad 5+2\quad 1+0\quad 3+1$$

$$\bigcirc\ \boxed{5}\ \bigcirc\!7\ \boxed{1}\ \bigcirc\!\!\!4\ \boxed{2}$$

3倍

まで順に埋まり，$B=8$ しかありえません．

09 | 循環小数の徹底研究

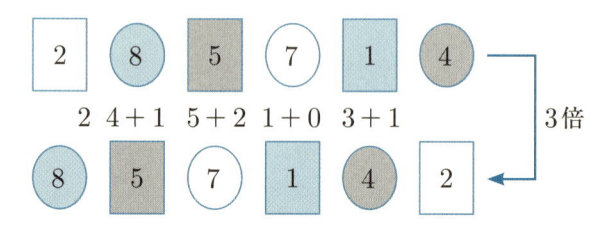

```
  2   8   5   7   1   4
   2 4+1 5+2 1+0 3+1      ┐
                          │ 3倍
  8   5   7   1   4   2   ◄
```

$A=2$ を3倍したら6になり，全体としてうまく整合性がとれています．

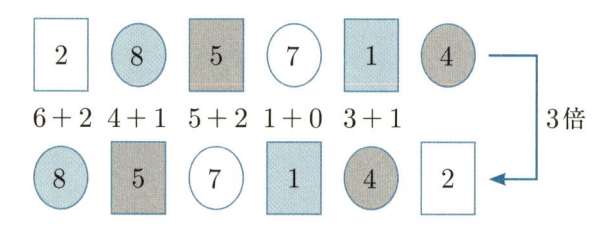

```
  2   8   5   7   1   4
 6+2 4+1 5+2 1+0 3+1      ┐
                          │ 3倍
  8   5   7   1   4   2   ◄
```

よって，これは適しています．

問題文に"2つ"とあったので，これですべてです．よって，

$$x = 285714 \quad \langle こたえ \rangle$$

$$\frac{x}{999999} = \frac{285714}{999999} = \frac{2}{7} \quad \langle こたえ \rangle$$

です．

➡ 問題文をよ～く読むことは大事です！ここでは，2つしかないことも覆面算で見ておきましょう．

<u>$A \geqq 4$ のとき</u>

$ABCDEF$ を3倍すると7桁になるので不適です.

<u>$A = 3$ のとき</u>

$A = 1, 2$ のときと同様に

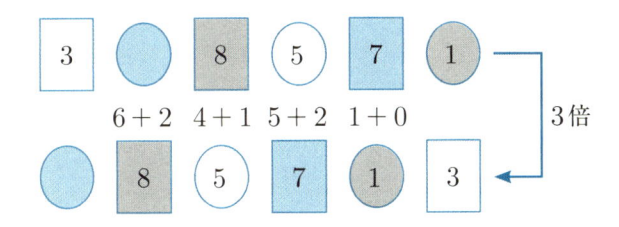

[図: 3, _, 8, 5, 7, 1 / 6+2 4+1 5+2 1+0 / _, 8, 5, 7, 1, 3 (3倍)]

まで順に埋まり, $B = 2$ しかありえません.

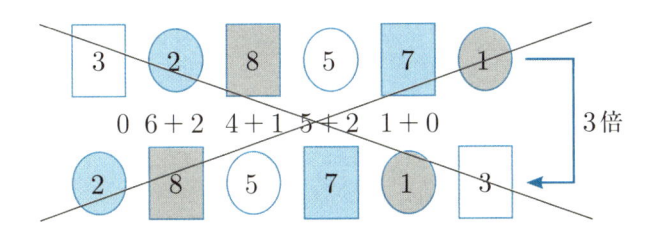

[図: 3, 2, 8, 5, 7, 1 / 0 6+2 4+1 5+2 1+0 / 2, 8, 5, 7, 1, 3 (3倍) ×]

$A = 3$ を3倍して2にならないので, 全体としてうまく整合性がとれません.

よって, これは不適です.

解答ここまで

覆面算は具体的な問題でしか使えない解法ですが，直接こたえが分かるので，ミスが少なくて良いですね．

では次は，いよいよ"作成者目線の解法"へいってみましょう．「なんでやねん！？」とツッコミたくなるくらいの短い解答です！この解法の裏事情を探り，一般的に論じることが本書の目標です．**中学受験生（小学6年生）の直感に負けるのが悔しくて，大の大人が本気で数学的に探求した結晶**です．ご期待ください！

解答 3（問題作成者目線の解法）

$$\frac{1}{7} = \frac{142857}{999999}, \quad \frac{3}{7} = \frac{428571}{999999}$$

$$\frac{2}{7} = \frac{285714}{999999}, \quad \frac{6}{7} = \frac{857142}{999999}$$

と変形できるから，

$$142857 \times 3 = 428571, \quad 285714 \times 3 = 857142$$

です．"2つしかない"と問題文にあるので，

$$x = 285714, \quad \frac{x}{999999} = \frac{2}{7} \quad \langle こたえ \rangle$$

です．

解答ここまで

最大のツッコミどころは

「最初の変形は何やねん？」

でしょう．

実は，分母，分子に142857を掛け算をしたわけではありません．作成者の意図を読み取るヒントは問題文にあります．

「$\dfrac{x}{999999}$ をできる限り約分した分数は □ です．」

次が本質に迫る質問です．

分母999999の分数といえば…？

こたえは…

「周期6の循環小数！」

どういうことか確認しましょう．

予備知識

> 不要な部分は
> 読み飛ばしてください

例えば，分母99なら周期2であり，

$$\frac{23}{99} = 0.2323\cdots\cdots = 0.\dot{2}\dot{3}$$

（このように循環小数を表現します）

などとなります．

逆に，循環小数を分数に直すにはどうすると良いのでしょう？

例えば

$$0.\dot{1}2\dot{3} = 0.123123123\cdots\cdots$$

を考えるには，循環長が3より，$10^3 = 1000$ 倍して差をとり，

```
         0.2323
   99)230
       198
       ---
       320
       297
       ---
       230
       198
       ---
       320
       297
       ---
        23
```

$$1000x = 123.\dot{1}2\dot{3} = 123.123123\cdots\cdots$$
$$-)\quad x = \ \ 0.\dot{1}2\dot{3} = \ \ 0.123123\cdots\cdots$$
$$\overline{\quad 999x = 123 \quad}$$
$$\therefore\quad x = \frac{123}{999}$$

とします．小数と分数を行き来する基本法則を挙げます．

$$(\text{循環小数}) = \frac{(\text{循環する数字の並び})}{(\text{循環長の個数だけ9が並ぶ})}$$

少し面倒なタイプもあります．例えば

$$0.89\dot{1}23\dot{4} = 0.89123412341234\cdots\cdots$$

のように途中から循環するときは，

$$0.89\dot{1}23\dot{4} = 0.89 + 0.00\dot{1}23\dot{4} = \frac{89}{100} + \frac{1}{100}\cdot\frac{1234}{9999}$$
$$= \frac{89\cdot 9999 + 1234}{999900} = \frac{891145}{999900}$$

とする必要があります．このように，途中から循環が始まるときは，循環スタート前の部分の影響で，分母に0がいくつか並ぶことになります（小数点をズラしているから）．

→ ここでの計算において，$\dfrac{123}{999}$, $\dfrac{891145}{999900}$ は既約分数ではないですが，分母が分かりやすい形のまま約分せずに放

置していました.

$$123 = 3 \cdot 41,\ 999 = 3^3 \cdot 37,$$
$$999900 = 2^2 \cdot 3^2 \cdot 5^2 \cdot 11 \cdot 101,\ 891145 = 5 \cdot 178229$$

で,178229は2, 3, 4, 11, 101で割り切れないので,

$$\frac{123}{999} = \frac{41}{333},\ \frac{891145}{999900} = \frac{178229}{199980}$$

と約分できます.

これで,『分母999999の分数』と『周期6の循環小数』がつながりました.

実は,<u>無限小数</u>は,"**極限**"と呼ばれる概念を用いて定義されています.その辺りについても,少し説明します.

📎 予備知識

不要な部分は読み飛ばしてください

極限の確認

$$\frac{1}{3} = 0.33333\cdots\cdots$$

なので,両辺を3倍して,

$$1 = 0.99999\cdots\cdots$$

となります.このように式で計算されると納得せざるを得な

いですが，これは一体，どういうことなのでしょう？

実は，「末尾が………の小数（無限小数）」は，"**極限（limit）**"というものであって，通常の数字とは違うものなのです．

正しい捉え方は次のようになります．

10進法なので，

$$\frac{1}{3} = 0.33333\cdots\cdots$$
$$= 0.3 + 0.03 + 0.003 + 0.0003 + \cdots\cdots$$
$$= \frac{3}{10} + \frac{3}{10^2} + \frac{3}{10^3} + \frac{3}{10^4} + \cdots\cdots$$

となって，「**無限個の和**」になっています（「**無限級数**」といいます）．これは，「**有限個の和の極限**」と考えなければならないものです．つまり，n個の和を

$$S_n = \frac{3}{10} + \frac{3}{10^2} + \frac{3}{10^3} + \frac{3}{10^4} + \cdots\cdots + \frac{3}{10^n}$$

とおくと，いま考えている無限級数は$\lim_{n\to\infty} S_n$と表されるものです（『**番号のnが限りなく大きくなるとき，S_nの値はどのような挙動を示すのか？**』を表す記号です）．

まず，S_nを計算します．通分してから，等比数列の和の公式を用いると，

$$S_n = \frac{3}{10} + \frac{3}{10^2} + \frac{3}{10^3} + \frac{3}{10^4} + \cdots\cdots + \frac{3}{10^n}$$

$$= \frac{3(10^{n-1} + 10^{n-2} + \cdots\cdots + 10 + 1)}{10^n}$$
$$= \frac{3}{10^n} \cdot \frac{10^n - 1}{10 - 1}$$
$$= \frac{10^n - 1}{3 \cdot 10^n}$$

> 逆向きにして
> $1 + 10 + 10^2 + \cdots + 10^{n-1}$

となります.さらに,

$$S_n = \frac{1}{3} - \frac{1}{3 \cdot 10^n}$$

と変形すると,S_n と $\frac{1}{3}$ の誤差は

$$\frac{1}{300\cdots\cdots 00}$$

> 0がn個並ぶ

です.この値は,いかなる n に対しても 0 にはなりませんが,

『n が大きくなると,いくらでも 0 に近い値になる』

ことが分かります.このような様子を

$$\lim_{n \to \infty} \frac{1}{3 \cdot 10^n} = 0$$

と表すのです.よって,実は,

$$\frac{1}{3} = 0.33333\cdots\cdots$$

の真の意味は,

$$\lim_{n \to \infty} S_n = \frac{1}{3}$$

ということなのです.つまり,$0.33333\cdots\cdots$ は,厳密に

は「数」ではなく「極限」で，つまり，

$$0.3, 0.33, 0.333, 0.3333, \cdots\cdots$$

と考えていった値が「**限りなく近づく数**」を表しています．

$$\frac{1}{3} = 0.33333\cdots\cdots$$

というのは，『数列

$$0.3, 0.33, 0.333, 0.3333, \cdots\cdots$$

を永久に考え続けると値が $\frac{1}{3}$ にいくらでも近づく』ということなのです．

同様に，

$$1 = 0.99999\cdots\cdots$$

の意味は，『数列

$$0.9, 0.99, 0.999, 0.9999, \cdots\cdots$$

を永久に考え続けると値が1にいくらでも近づく』ということです（「1になる」ということではありません！）．

ここで，問題20の作成者目線に戻りましょう．

分母7の分数は，循環小数で書くと周期6になることを思い出せるでしょうか？しかも，筆算で見ると，どの商も登場する数は同じです（7の場所に印をつけています）．さらに，縦に見ていくと，⌊, ⌉, ◇, ◆などの部分は同じものが並んでいます．

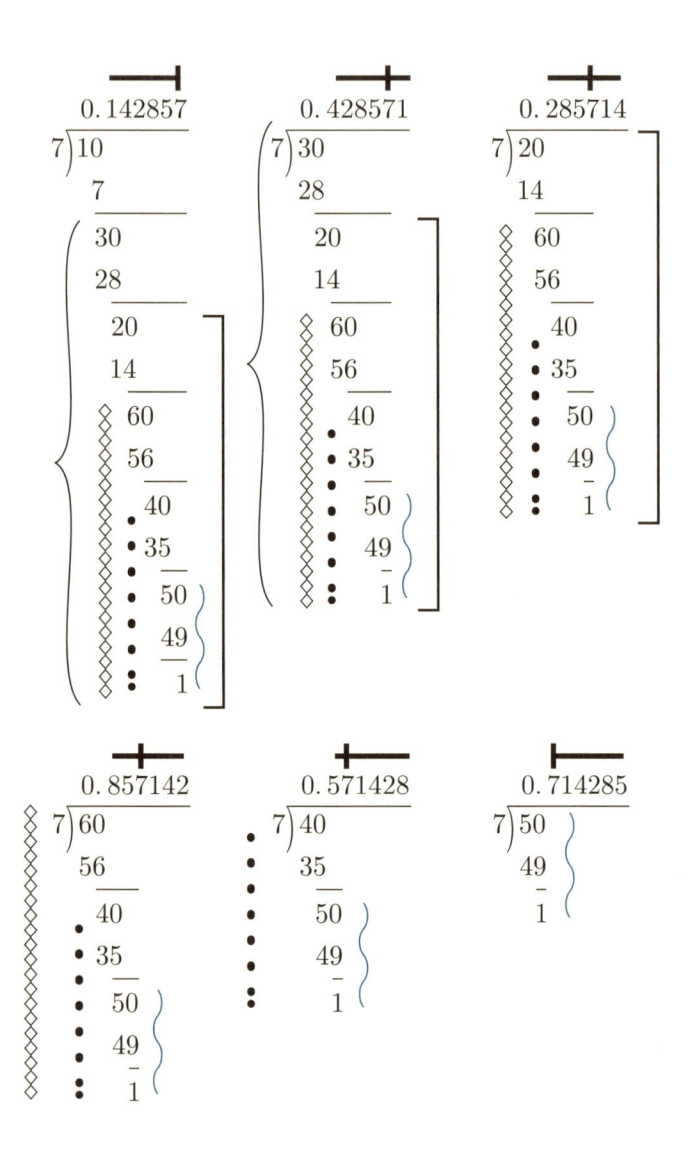

$$\begin{array}{r}0.142857\\7\overline{)10}\\7\\\hline 30\\28\\\hline 20\\14\\\hline 60\\56\\\hline 40\\35\\\hline 50\\49\\\hline 1\end{array}$$

$$\begin{array}{r}0.428571\\7\overline{)30}\\28\\\hline 20\\14\\\hline 60\\56\\\hline 40\\35\\\hline 50\\49\\\hline 1\end{array}$$

$$\begin{array}{r}0.285714\\7\overline{)20}\\14\\\hline 60\\56\\\hline 40\\35\\\hline 50\\49\\\hline 1\end{array}$$

$$\begin{array}{r}0.857142\\7\overline{)60}\\56\\\hline 40\\35\\\hline 50\\49\\\hline 1\end{array}$$

$$\begin{array}{r}0.571428\\7\overline{)40}\\35\\\hline 50\\49\\\hline 1\end{array}$$

$$\begin{array}{r}0.714285\\7\overline{)50}\\49\\\hline 1\end{array}$$

●これをどのように理解したら良いのでしょうか？

割り算していくと，$1 \div 7$ の計算の途中から

$$3 \div 7,\ 2 \div 7,\ 6 \div 7,\ 4 \div 7,\ 5 \div 7$$

の計算が始まっており，途中から $1 \div 7$ の計算に戻っています．

これを循環小数で書くと，

$$\frac{1}{7} = 0.142857142857 \cdots\cdots = 0.\dot{1}4285\dot{7},$$

$$\frac{3}{7} = 0.428571428571 \cdots\cdots = 0.\dot{4}2857\dot{1},$$

$$\frac{2}{7} = 0.285714285714 \cdots\cdots = 0.\dot{2}8571\dot{4},$$

$$\frac{6}{7} = 0.857142857142 \cdots\cdots = 0.\dot{8}5714\dot{2},$$

$$\frac{4}{7} = 0.571428571428 \cdots\cdots = 0.\dot{5}7142\dot{8},$$

$$\frac{5}{7} = 0.714285714285 \cdots\cdots = 0.\dot{7}1428\dot{5}$$

となっています．小数点以下は，途中からはすべて

$$142857$$

の繰り返しになります．どこから小数点以下を開始するかによって，分子の数が

$$1,\ 3,\ 2,\ 6,\ 4,\ 5$$

と変化しているのです．覚えておいてほしいのは，

『分母7の真分数がすべて表せている』

ということです.

　きっと，小学6年生は，この割り算のことを瞬時に思い出せたんでしょう！緊張した試験会場での冷静さに感服です！

　さて，循環小数の性質を分数で書くと…

$$\frac{1}{7} = 0.\dot{1}4285\dot{7} = \frac{142857}{999999},\ \frac{3}{7} = 0.\dot{4}2857\dot{1} = \frac{428571}{999999},$$

$$\frac{2}{7} = 0.\dot{2}8571\dot{4} = \frac{285714}{999999},\ \frac{6}{7} = 0.\dot{8}5714\dot{2} = \frac{857142}{999999},$$

$$\frac{4}{7} = 0.\dot{5}7142\dot{8} = \frac{571428}{999999},\ \frac{5}{7} = 0.\dot{7}1428\dot{5} = \frac{714285}{999999}$$

となることは，もうお分かりですね.

　では，小数点をずらしたときの分子の変化

$$1,\ 3,\ 2,\ 6,\ 4,\ 5$$

はどう考えると良いのでしょうか？ここが最後の関門です.

　実は，142857を428571に変える作業は，

$$0.\dot{1}4285\dot{7} \times 10 = 1.428571428571\cdots\cdots = 1.\dot{4}2857\dot{1}$$

$$\therefore\ 0.\dot{4}2857\dot{1} = 0.\dot{1}4285\dot{7} \times 10 - 1$$

ということで，

> 「小数点を1個ずらす」＝「10倍したものの小数部分」

となっています．分かりますか？同じことを分数で見ると，

$$\frac{1}{7} \times 10 = 1.\dot{4}2857\dot{1} \Leftrightarrow 1 + \frac{3}{7} = 1 + 0.\dot{4}2857\dot{1}$$

$$\therefore \quad \frac{3}{7} = 0.\dot{4}2857\dot{1}$$

ということになります．以下，同様に考えましょう．

$$\frac{3}{7} \times 10 = \frac{30}{7} = 4 + \boxed{\frac{2}{7}},$$

$$\frac{2}{7} \times 10 = \frac{20}{7} = 2 + \boxed{\frac{6}{7}},$$

$$\frac{6}{7} \times 10 = \frac{60}{7} = 8 + \boxed{\frac{4}{7}},$$

$$\frac{4}{7} \times 10 = \frac{40}{7} = 5 + \boxed{\frac{5}{7}},$$

$$\frac{5}{7} \times 10 = \frac{50}{7} = 7 + \boxed{\frac{1}{7}}$$

分子だけ取り出して，変化の法則をより明確にすると，

$$
\begin{aligned}
1 &\to 3 \,(10 \div 7 \text{の余り}) \\
&\to 2 \,(30 \div 7 \text{の余り}) \\
&\to 6 \,(20 \div 7 \text{の余り}) \\
&\to 4 \,(60 \div 7 \text{の余り}) \\
&\to 5 \,(40 \div 7 \text{の余り}) \\
&\to 1 \,(50 \div 7 \text{の余り})
\end{aligned}
$$

となります．よって，分母7の場合，

> 次の分子は，分子を10倍した数を7で割った余り

となることが分かります．

最後に，もう一歩進めましょう．

$$10 \equiv 3 \pmod 7$$

より，次のように考えることができます．

> 次の分子は，分子を3倍した数を7で割った余り

これが分子変化法則の最終形態です．

$$
\begin{aligned}
1 &\to 3 \,(\ 3 \div 7 \text{の余り}) \quad \cdots \quad 3 = 3 \times \underline{1} \\
&\to 2 \,(\ 9 \div 7 \text{の余り}) \quad \cdots \quad 9 = 3 \times \underline{3} \\
&\to 6 \,(\ 6 \div 7 \text{の余り}) \quad \cdots \quad 6 = 3 \times \underline{2} \\
&\to 4 \,(18 \div 7 \text{の余り}) \quad \cdots \quad 18 = 3 \times \underline{6}
\end{aligned}
$$

> → 5（12÷7の余り）　　… $12 = 3 \times \underline{4}$
> → 1（15÷7の余り）　　… $15 = 3 \times \underline{5}$

さて，『10を掛けて割り算した余りが，3を掛けて割り算したものと一致する』のは，『mod 7』だけです．これが決め手となって，先ほどの解答（作成者目線）へ行き着くわけです．

1) $\dfrac{x}{999999}$ から周期6の循環小数を連想
2) $ABCDEF \to BCDEFA$ は，小数点を1つずらすこと
3) 「周期6」かつ「小数点を1個ずらして3倍」を両立するのは7だけ
4) 実際に $1 \div 7$ を計算して確認

小学生の直感，おそるべし！

「では，大人はここからどう考えるか？」

もちろん…

「一般化してみよう！」

です．他の分母の問題をやってみましょう（ノーヒントです）．

問題 21

$\dfrac{2}{13}$ は周期が6の循環小数で表すことができます。小数第1位から順に A, B, C, D, E, F としたら、6けたの整数 $ABCDEF$ は □ です。このとき、$\dfrac{DEFABC}{999999}$ をできる限り約分した分数は □ , $\dfrac{BCDEFA}{999999}$ をできる限り約分した分数は □ です。

解答

割り算して、

$$\frac{2}{13} = 0.\dot{1}5384\dot{6}$$

$\therefore\ ABCDEF = 153846$

$$\frac{DEFABC}{999999} = \frac{11}{13},$$

$$\frac{BCDEFA}{999999} = \frac{7}{13} \quad \text{〈こたえ〉}$$

を得ます。

約分は要領良く計算できていますか？

```
       0.153846
   13)20
      13
      ──
      70
      65
      ──
      50
      39
      ──
      110
      104
      ───
       60
       52
       ──
       80
       78
       ──
        2
```

● $\dfrac{DEFABC}{999999}$ について

$$ABCDEF = \boxed{1\ 5\ 3\ 8\ 4\ 6}$$
$$\therefore\ DEFABC = \boxed{8\ 4\ 6\ 1\ 5\ 3}$$

を縦にペアを作って考えると,

$$ABCDEF + DEFABC = 999999$$

となることに気付き,

$$\underbrace{\dfrac{ABCDEF}{999999}}_{\frac{2}{13}} + \dfrac{DEFABC}{999999} = \underbrace{\dfrac{999999}{999999}}_{1}$$

$$\therefore\ \dfrac{DEFABC}{999999} = 1 - \dfrac{2}{13} = \dfrac{11}{13}$$

となります.

→ 割り算の過程から,

$$\dfrac{2}{13} = 0.\dot{1}5384\dot{6},\ \dfrac{7}{13} = 0.\dot{5}3846\dot{1},\ \dfrac{5}{13} = 0.\dot{3}8461\dot{5},$$

$$\dfrac{11}{13} = 0.\dot{8}4615\dot{3},\ \dfrac{6}{13} = 0.\dot{4}6153\dot{8},\ \dfrac{8}{13} = 0.\dot{6}1538\dot{4}$$

となりますが,和で999999ができる分子の組が3組あります.

$$(2,\ 11),\ (6,\ 7),\ (5,\ 8)$$

です.もちろん,

$$2+11=6+7=5+8=13$$

となっています.

● $\dfrac{BCDEFA}{999999}$ について

循環小数にすると,

$$\frac{BCDEFA}{999999}=\frac{538461}{999999}=0.\dot{5}3846\dot{1}$$

です. 小数点のズレを考えると,

$$\frac{2}{13}=0.\dot{1}5384\dot{6}$$

$$\frac{20}{13}=1.\dot{5}3846\dot{1} \Leftrightarrow 1+\frac{7}{13}=1+0.\dot{5}3846\dot{1}$$

$$\therefore \quad 0.\dot{5}3846\dot{1}=\frac{7}{13}$$

です.

以上で計算確認も終了です.

解答ここまで

さて，$2 \div 13$ の筆算から，

$$\frac{2}{13} = 0.\dot{1}5384\dot{6}, \quad \frac{7}{13} = 0.\dot{5}3846\dot{1}, \quad \frac{5}{13} = 0.\dot{3}8461\dot{5},$$

$$\frac{11}{13} = 0.\dot{8}4615\dot{3}, \quad \frac{6}{13} = 0.\dot{4}6153\dot{8}, \quad \frac{8}{13} = 0.\dot{6}1538\dot{4}$$

ということが読み取れました．「小数点のズレ」と「分子変化の法則」の関係を，分母7の場合と同様にとらえてみましょう．

$$
\begin{aligned}
2 \quad &\to \quad 7 \quad (20 \div 13 \text{の余り}) \\
&\to \quad 5 \quad (70 \div 13 \text{の余り}) \\
&\to \quad 11 \quad (50 \div 13 \text{の余り}) \\
&\to \quad 6 \quad (110 \div 13 \text{の余り}) \\
&\to \quad 8 \quad (60 \div 13 \text{の余り}) \\
&\to \quad 2 \quad (80 \div 13 \text{の余り})
\end{aligned}
$$

しかし，ここに登場した分数は，13を分母にもつ分数のすべてではありません．分子1の分数が入っていないので，$1 \div 13$ の計算をして，もう1つの流れも確認できます．つまり，

$$\frac{1}{13} = 0.\dot{0}7692\dot{3}, \quad \frac{10}{13} = 0.\dot{7}6923\dot{0},$$

$$\frac{9}{13} = 0.\dot{6}9230\dot{7}, \quad \frac{12}{13} = 0.\dot{9}2307\dot{6},$$

$$\frac{3}{13} = 0.\dot{2}3076\dot{9}, \quad \frac{4}{13} = 0.\dot{3}0769\dot{2}$$

```
         0.076923
      ┌─────────
   13 )10
        0
        ──
        100
         91
         ──
          90
          78
          ──
          120
          117
          ───
           30
           26
           ──
            40
            39
            ──
             1
```

および，分子変化の法則

$$
\begin{aligned}
1 &\to 10 \;(\;10 \div 13\text{ の余り}) \\
&\to 9 \;(100 \div 13\text{ の余り}) \\
&\to 12 \;(\;90 \div 13\text{ の余り}) \\
&\to 3 \;(120 \div 13\text{ の余り}) \\
&\to 4 \;(\;30 \div 13\text{ の余り}) \\
&\to 1 \;(\;40 \div 13\text{ の余り})
\end{aligned}
$$

が分かります．

以上から，分母13の分数を小数表記すると

$$153846 \quad \text{または} \quad 076923$$

の繰り返しになることが分かります．逆に，これらが繰り返されている小数を分数に直すと，分母は13になります．

みなさん，お気づきでしょうか？

分母が7でも13でも小数表記での循環部の長さが6でした．

◉この理由は分かりますか？

なぜなら…

$$999999 = \underline{3}^3 \cdot \underline{7} \cdot \underline{11} \cdot \underline{13} \cdot 37$$

となるからです．つまり，999999を約分して7, 13が得られるからです．

しかし，例えば，分母が$\underline{3}$なら，

$$\frac{1}{3} = 0.3333\cdots\cdots\text{（長さ1）}$$

ですし，分母が11なら，

$$\frac{1}{11} = 0.0909\cdots\cdots\text{（長さ2）}$$

です．他の分子でも，分母3なら

$$\frac{2}{3} = 0.6666\cdots\cdots\text{（長さ1）}$$

ですし，分母11なら順に

$0.1818\cdots\cdots, 0.2727\cdots\cdots, 0.3636\cdots\cdots,$
$0.4545\cdots\cdots, 0.5454\cdots\cdots, 0.6363\cdots\cdots,$
$0.7272\cdots\cdots, 0.8181\cdots\cdots, 0.9090\cdots\cdots$

（長さ2）

です．1も2も，6の倍数になっているので，6個の塊が循環してはいます．ただ，最短循環長が6より短いのです．

●これはなぜでしょうか？

実は，

$$9 = 3^2,\ 99 = 3^2 \cdot 11$$

となり，もっと短い循環長が見つかるからなのです．

公式 ❾　循環小数の循環長

$$N = 2^i \cdot 5^j \cdot c \ (c\text{は}2, 5\text{で割り切れない})$$

を分母にもつ分数の循環部の長さは，

$$9, 99, 999, \cdots\cdots, 99\cdots\cdots 99, \cdots\cdots$$

のうち，初めて c で割り切れるものと同じ長さである．

$$9, 99, 999, \cdots\cdots$$

は，変形すると

$$10-1, 10^2-1, 10^3-1, \cdots\cdots$$

となるので，上記は

$$10^{n-1} \equiv 1 \pmod{c} \ \cdots\cdots (\☆)$$

となる最小の n ということです．特に $c=1$ なら $n=1$ です．

略証

例えば，$N=60$ の場合，

$$\frac{1}{60} = 0.01666\cdots\cdots = 0.01\dot{6}$$

ですが，循環の周期が1になるのは，

$$60 = 2^2 \cdot 5 \cdot 3 \ (i=2, j=1, c=3),$$
$$10^1 \equiv 1 \ (\mathrm{mod}\ 3)$$

から分かります．また，公式❾の正しさは，

$$\frac{1}{60} = \frac{1}{2^2 \cdot 5 \cdot 3} = \frac{1}{10^2} \cdot \frac{5}{3} = \frac{1}{10^2}\left(1 + \frac{2}{3}\right)$$
$$= 0.01\,(1 + 0.666\cdots\cdots)$$
$$= 0.01666\cdots\cdots = 0.01\dot{6}$$

からも確認できます．一般的には，

$$\frac{1}{N} = \frac{1}{2^i \cdot 5^j \cdot c} = \begin{cases} \dfrac{1}{10^i} \cdot \dfrac{5^{i-j}}{c} & (i > j) \\ \dfrac{1}{10^i} \cdot \dfrac{1}{c} & (i = j) \\ \dfrac{1}{10^j} \cdot \dfrac{2^{j-i}}{c} & (i < j) \end{cases}$$

より，分母 c の分数と同じ循環長となると分かります．

分母が c のときは，先ほどの例で確認した通り，『循環

長が

$$9,\ 99,\ 999,\ \cdots\cdots,\ 99\cdots\cdots 99,\ \cdots\cdots$$

のうち,初めて c で割り切れるものと同じ長さになる』ことは明らかでしょう.

略証おわり

ここまでの結果から,分母 N,循環長 n として

N	2	3	7	11	13	16
n	1	1	6	2	6	1

です.

分母が N の真分数は $N-1$ 種類しかないので,$N=7$ のように,$n=N-1$ となるときだけは,『$\dfrac{1}{N}$ の小数点をずらすことで $N-1$ 種の小数ができ,分母 N のすべての真分数を表せる』と分かります.どのような N でこれが起こるのでしょう?

10 と c が互いに素なので,**公式❽オイラーの定理**から

$$10^{\varphi(c)} \equiv 1 \pmod{c} \quad \leftarrow \quad (\☆) \text{の形}$$

$$\therefore \quad n \leqq \varphi(c)$$

ですが,オイラーの関数の計算公式から

○ c が素数のとき，$\varphi(c) = c - 1$

○ c が素数でないとき，$\varphi(c) < c - 1$

です．よって，

$$n \leqq \varphi(c) \leqq c - 1 \leqq N - 1$$

となり，『$n = N - 1$』であるためには

『c：素数　かつ　$N = c$ $(i = j = 0)$』

でなければならないと分かります．さらに，(☆) の情報も合わせて，『$n = N - 1$』になる条件は，『N が 2，5 以外の素数であり，かつ，

$10^k \not\equiv 1 \pmod{N} (k = 1, 2, 3, \cdots\cdots, N - 2)$

$10^{N-1} \equiv 1 \pmod{N}$

となること』になります．そのような素数は

$$N = 7, 17, 19, 23$$

などです．よって，これらが分母の真分数は，循環小数で書くと同じ数の並びとなります．

それぞれ，$\dfrac{1}{N}$ は次のようになります．

$$\frac{1}{7} = 0.\dot{1}4285\dot{7},$$

$$\frac{1}{17} = 0.\dot{0}588235294117647\dot{},$$

$$\frac{1}{19} = 0.\dot{0}5263157894736842\dot{1},$$

$$\frac{1}{23} = 0.\dot{0}424782608695652173913\dot{}$$

これの小数点をずらしていくことで，分母がNの真分数をすべて表せるのです．例えば，23なら，

『10倍した数を23で割った余り』

が小数点のズレと分子変化の法則なので，分子は順に

$1 \to 10\ (\ 10 \div 23) \to\ 8\ (100 \div 23) \to 11\ (\ 80 \div 23)$
$\to 18\ (110 \div 23) \to 19\ (180 \div 23) \to\ 6\ (190 \div 23)$
$\to 14\ (\ 60 \div 23) \to\ 2\ (140 \div 23) \to 20\ (\ 20 \div 23)$
$\to 16\ (200 \div 23) \to 22\ (160 \div 23) \to 13\ (220 \div 23)$
$\to 15\ (130 \div 23) \to 12\ (150 \div 23) \to\ 5\ (120 \div 23)$
$\to\ 4\ (\ 50 \div 23) \to 17\ (\ 40 \div 23) \to\ 9\ (170 \div 23)$
$\to 21\ (\ 90 \div 23) \to\ 3\ (210 \div 23) \to\ 7\ (\ 30 \div 23)$
$\to\ 1\ (\ 70 \div 23)$

です．ちゃんと22個並びましたね．予定通りではありますが，うまくいくと嬉しいものです！

では，本章のまとめ問題（本書全体のまとめ問題とも言えます）へ．もちろん，ノーヒントです．

問題 22

$\dfrac{1}{17} = 0.\dot{0}588235294117647\dot{}$ は周期16の循環小数です．

(1) 9, 99, 999, ……… のうち17で割り切れる最小の数は，9が $\boxed{}$ 個並んだ数です．

(2) $0.\dot{8}823529411764705\dot{}$ を分数で表して，できる限り約分した分数は $\boxed{}$ です．

解答

(1) 公式❾より，〈こたえ〉は 16 です．

(2) $\dfrac{1}{17} = 0.\dot{0}588235294117647\dot{}$ と比べて小数点を2個ずらしたものなので，

$$\dfrac{1}{17} \times 100 = 5.\dot{8}823529411764705\dot{}$$

$$\Leftrightarrow \; 5 + \dfrac{15}{17} = 5 + 0.\dot{8}823529411764705\dot{}$$

$$\therefore \; 0.\dot{8}823529411764705\dot{} = \dfrac{15}{17} \quad \text{〈こたえ〉}$$

解答ここまで

✳ ✳ ✳

　最終問題自体は簡単かもしれませんが，その裏にある理論の量は莫大です．循環小数というありふれたものでも，深く探るといろんな数学とつながっているのです．それが伝われば，本章および本書の目的は達成されたと言えます．

10
フェルマーの最終定理

第10章は算数ではありません.

「フェルマーの小定理」が登場したので,有名な「**フェルマーの最終定理**」についても少し触れてみましょう.

これについては,1995年にワイルズによって証明されたので,現在では"ワイルズの定理"と呼ばれるべきものです.

フェルマーの最終定理

$n \geqq 3$ なる自然数 n に対し,

$$a^n + b^n = c^n$$

を満たす自然数の組 (a, b, c) は存在しない.

$n = 2$ の場合,

$$a^2 + b^2 = c^2$$

を満たす整数の組 (a, b, c) は「**ピタゴラス数**」と呼ばれ,無数に存在します.

三平方の定理(ピタゴラスの定理)の形をしているので,3辺の

長さが整数の直角三角形を考えていることになり,

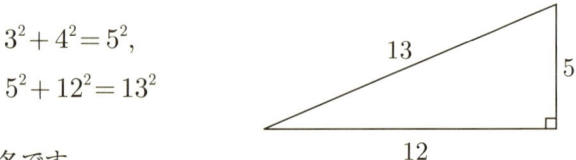

$$3^2 + 4^2 = 5^2,$$
$$5^2 + 12^2 = 13^2$$

などが有名です.

一般に,

$$(p^2 - q^2,\ 2pq,\ p^2 + q^2)\ (p,\ q：自然数,\ p > q)$$

がピタゴラス数です. それは,

$$(p^2 - q^2)^2 + (2pq)^2 = (p^4 - 2p^2q^2 + q^4) + 4p^2q^2$$
$$= p^4 + 2p^2q^2 + q^4$$
$$= (p^2 + q^2)^2$$

から分かります.

例えば, $(p, q) = (2, 1),\ (7, 2)$ のとき,

$$(3, 4, 5),\ (45, 28, 53)$$

です. 念のために確認すると,

$$45^2 + 28^2 = 2025 + 784$$
$$= 2809 = 53^2$$

となっています. 分かってはいても, ちょうど「**平方数**(整数の2乗になる数のこと)」になってくれると嬉しいですね！

フェルマーの最終定理を一般的に議論することは無理ですが, $n = 4$ の場合は少し頑張れば証明できます. その証明をネタにし

た大学入試問題があります．少し難しく，長い問題ですが，それを紹介します．

その中で**背理法**という証明法を何度も用います．考え方は💡**発想3．否定を利用して考える**です．数学的帰納法と並び，数学を代表する論法です．

> **予備知識** （不要な部分は読み飛ばしてください）
>
> ### 背理法の確認
>
> 『Aという命題（真偽が分かる数学的な文章のこと）が"真"である』を証明したいときに，
>
> 　　『Aが成り立たないと仮定したら，矛盾が生じる』
>
> を証明すれば，**証明できたことになります**．
>
> 「成り立たないとおかしなことになるんだから，成り立たないと困るじゃないか！」という論法で，「**背理法**」といいます．これは『命題Aが"真"であるか，"偽"であるかの二者択一である』という根本原理に基づいています（「この根本原理を疑う」という立場もあるようですが…）．

具体例を1つ挙げておきます．しっかり理解してください．

例題

$\sqrt{2}$ が無理数であること(つまり,分数では表せないこと)を示せ.

分数で表される数を「**有理数**」といいます.有理数でない実数が無理数です.「**否定**」が含まれるので,「無理数であることを示せ」は**背理法**を用いることが多いです.

解答

$\sqrt{2}$ が無理数でない,つまり,分数で表せると仮定して,矛盾を導きます.

$\sqrt{2}$ は正なので,もし分数なら,既約分数として,

$$\sqrt{2} = \frac{n}{m} \quad (m, n : \text{互いに素な自然数})$$

とおけます.両辺を2乗して,

> このおき方が大事！後でも登場します.

$$2 = \frac{n^2}{m^2} \quad (\because \ (\sqrt{2})^2 = 2)$$
$$\therefore \quad n^2 = 2m^2$$

となります.ゆえに,n^2 が偶数となり,n も**偶数**です.

$$n = 2N \ (N : \text{自然数})$$

とおくことができて,上式に代入すると

$$4N^2 = 2m^2 \quad \therefore \quad m^2 = 2N^2$$

となります．ゆえに，m^2 が偶数となり，m も**偶数**です．

これは，「m, n が**互いに素**」とおいていたことに反しており，矛盾です（分数だったら，『既約分数としておいたはずなのに，約分されてしまう』というおかしなことが起こった！）．

よって，仮定は誤りで，$\sqrt{2}$ が無理数であること（つまり，分数では表せないこと）が示されました．

解答ここまで

以降で何度もこの論法を使います．

では，フェルマーの最終定理（$n = 4$）へ．

問題 23   2010福島県立医科大学 前期[3]

p, q は互いに素な自然数とする．以下の問いに答えよ．

(1) p, q がともに奇数であるとき，$p^4 + q^4$ は自然数の2乗にならないことを示せ．

(2) q は奇数とする．次の手順にしたがって，$(2p)^4 + q^4$ が自然数の2乗にならないことを背理法を用いて示せ．

　(i) 次の仮定（H）が成り立つものとして，以下の問い（A）～（D）に答えよ．

　　仮定（H）：$(2p)^4 + q^4 = r^2$ となる自然数 r が存在する．

(A) $2p$ と r は互いに素になることを示せ.

(B) 互いに素な自然数 m, n があって,
$r+(2p)^2 = m^4$, $r-(2p)^2 = n^4$ と表せることを示せ.

(C) (B) の m, n について, $m+n = 2a, m-n = 2b$ とおく. p^2 を a, b を用いて表せ.

(D) $2p_1$ と q_1 が互いに素になり, $p = 2p_1 q_1 r_1$ かつ $(2p_1)^4 + (q_1)^4 = (r_1)^2$ となる自然数 p_1, q_1, r_1 が存在することを示せ.

(ii) (i) の仮定 (H) が成り立たないことを示せ.

→ とても難しいので,解答を理解するだけでも十分です！

解答

ヒント (偶数)^2 は 4 で割り切れ,(奇数)^2 を 4 で割った余りは 1 です.

(1) 平方数を 4 で割った余りは,

$$(2m)^2 = 4m^2 \equiv 0 \pmod{4}$$
$$(2m-1)^2 = 4m^2 - 4m + 1 \equiv 1 \pmod{4}$$

より,0 または 1 です.例えば,

$$6^2 = 36 \equiv 0,\ 7^2 = 49 \equiv 1 \pmod{4}$$

です．p, q がともに奇数の場合，p^2, q^2 も奇数で，

$$p^4 + q^4 = (p^2)^2 + (q^2)^2 \equiv 1 + 1 = \boxed{2} \pmod{4}$$

です．mod 4 で 0, 1 でないので，これは平方数ではありません．

→ 背理法でもやっておきます．

---

(1) の別解（背理法バージョン）▶▶▶

$p^4 + q^4 = r^2$ となる自然数 r が存在すると仮定して，矛盾を導きます．

平方数を 4 で割った余りは 0 または 1 です．p, q がともに奇数の場合，p^2, q^2 も奇数ですから，

$$p^4 + q^4 = (p^2)^2 + (q^2)^2 \equiv 1 + 1 = 2 \pmod{4}$$
$$r^2 \equiv 0, 1 \pmod{4}$$

です．すると，$p^4 + q^4 = r^2$ の左辺，右辺を 4 で割った余りがそれぞれ 2，「0 か 1」となり，左右で異なるので，矛盾です．

よって，仮定は誤りで，$p^4 + q^4 = r^2$ となる r は存在しません．

---

(2)（ⅰ）$2p$ が偶数で，q が奇数なので，r は奇数です．

（A） **ヒント** 最大公約数 d が 1 になることを証明する問題です．

$2p$ と r の最大公約数を d とおくと，d は奇数です．

互いに素を示すというのは，$d=1$ を示すということです．

$2p = Pd, \ r = Rd$ （P, R：**互いに素な整数**，P：偶数）

とおけて，代入すると

$$q^4 = r^2 - (2p)^4 = R^2d^2 - P^4d^4 = (R^2 - P^4d^2)d^2$$

となります．すると，p^4 も q^4 も d^2 の倍数となります．

p^4, q^4 が互いに素（公約数 1）なので，$d=1$ しかありえません．つまり，$2p$ と r は互いに素です．

→ 背理法でもやっておきます．

(2)(ⅰ)(A) の別解（背理法バージョン）▶▶▶

$2p$ と r の最大公約数を d とおくと，d は正の奇数です．
$d > 1$ と仮定して矛盾を導きます．

$$q^4 = r^2 - (2p)^4$$

より，q^4 も d の倍数です．すると，d の素因数（奇数）は p, q の共通素因数となります．

これは p, q が互いに素であるという前提に反し，矛盾です．

よって，仮定は誤りで，$d=1$ です．つまり，$2p$ と r は互いに素であることが示されました．

(B) **ヒント** $q^4 = r^2 - (2p)^4 = \{r+(2p)^2\}\{r-(2p)^2\}$
と因数分解します.『$r+(2p)^2$ と $r-(2p)^2$ が互いに素』を示せば十分です.

それが分かれば…

例

例えば,$q = 2^2 \cdot 3^3 \cdot 5$ のとき,

$$(2^2 \cdot 3^3 \cdot 5)^4 = \{r+(2p)^2\}\{r-(2p)^2\}$$

において,$r+(2p)^2$ と $r-(2p)^2$ が互いに素なので,2, 3, 5 はいずれか一方にだけ含まれます.例えば,2, 5 が前者に,3 が後者に含まれるとすると,

$$r+(2p)^2 = (2^2 \cdot 5)^4,\ r-(2p)^2 = (3^3)^4$$

となるのです.

一般的には,$r+(2p)^2$ と $r-(2p)^2$ が互いに素なので,q の各素因数は $r+(2p)^2$ か $r-(2p)^2$ のどちらか一方にのみ含まれることになります.q^4 には,どの素因数も4個単位で含まれるから,$r+(2p)^2$ と $r-(2p)^2$ には各素因数が4個単位で含まれ,ともに4乗数であることが分かります.つまり,

$$r+(2p)^2 = m^4,\ r-(2p)^2 = n^4 \quad (m,\ n:互いに素)$$

と表せます.

『$r+(2p)^2$ と $r-(2p)^2$ が互いに素』を背理法で示します．つまり，$r+(2p)^2$ と $r-(2p)^2$ が互いに素ではないと仮定して矛盾を導きます．

最大公約数を $D\ (D>1)$ としたら，

$$r+(2p)^2 = AD,\ r-(2p)^2 = BD$$

（$A,\ B$：互いに素な整数）

とおけます．r が奇数なので，A, B も奇数です．

2式の和と差を計算して，

$$2r = (A+B)D,\ 2(2p)^2 = (A-B)D$$

となります．A, B, D はすべて奇数なので，<u>$A+B$, $A-B$ は偶数</u>※です．ゆえに，$r, (2p)^2$ がともに $D\ (>1)$ の倍数となり，これらは互いに素ではありません．

しかし，これは (A) に矛盾しています．

よって，仮定は誤りで，$r+(2p)^2$ と $r-(2p)^2$ が互いに素であることが示されました．

先ほど述べた通り，これで

$$r+(2p)^2 = m^4,\ r-(2p)^2 = n^4$$

（m, n は互いに素な自然数）

と表せることが示されました．

> ※ 2整数の和が**偶数** ⇔ 2整数の偶奇が**一致**
> 2整数の和が**奇数** ⇔ 2整数の偶奇が**不一致**

(C) $m+n=2a,\ m-n=2b$ の和と差を2で割って,

$$m=a+b,\ n=a-b$$

です.また,$r+(2p)^2=m^4$, $r-(2p)^2=n^4$ の差をとって

$$8p^2=m^4-n^4$$

となります.ここで,

$$\begin{aligned}m^4-n^4&=(m+n)(m-n)(m^2+n^2)\\&=(2a)(2b)\{(a+b)^2+(a-b)^2\}\\&=(2a)(2b)(2a^2+2b^2)\\&=8ab(a^2+b^2)\end{aligned}$$

より,8で割って,

$$8p^2=8ab(a^2+b^2) \quad \therefore \quad p^2=ab(a^2+b^2) \quad 〈こたえ〉$$

です.

(D) **ヒント** まず、(B)で考えたのと同じように逆算してみます。
「(C)で $p^2 = ab(a^2+b^2)$ という3つの積の形」と
「問題文中の $p=(2p_1)q_1 r_1$ も3つの積の形」から、
希望は『a, b, a^2+b^2 がいずれも平方数』です。
それには、「a と b」「a と a^2+b^2」「b と a^2+b^2」
が互いに素であることを示せば良い、ということに
なります。その後、$2\ p_1 q_1 r_1$ の **2** の意味を
探ることになります。

『「a と b」「a と a^2+b^2」「b と a^2+b^2」が互い素である』を示します。

まず、a と b が互いに素でなければ、

$$m = a+b,\ n = a-b$$

より、m, n は**互いに素ではない**ことになります。

しかし、m, n は**互いに素**という事実に矛盾します。よって、背理法により、a, b は互いに素です。

次に、a と a^2+b^2 が互いに素でなければ、

$$a = Ad,\ a^2+b^2 = Bd\ (A, B : \textbf{互いに素},\ d>1)$$

とおけて、

$$b^2 = Bd - a^2 = (B - A^2 d)d$$

となります。これは、a と b が**互いに素**でないことを意味し、さきほど示した事実に矛盾します。よって、背理法により、a, a^2+b^2 は互いに素です。

同様に，b, a^2+b^2 も互いに素ですから，『「a と b」「a と a^2+b^2」「b と a^2+b^2」が互いに素である』が示されました．

　ここまでから，a, b, a^2+b^2 はどの2つも共通の素因数をもたないことが分かるので，$p^2=ab(a^2+b^2)$ から，a, b, a^2+b^2 はいずれも平方数であることが分かります．

　ここまでのことから，

$$a=P^2, b=Q^2, a^2+b^2=R^2$$

（P, Q, R は互いに素な自然数）

とおけて，前2つの式を3つ目に代入すると，

$$P^4+Q^4=R^2 \cdots\cdots (\#)$$

です．

　ここから，②$p_1 q_1 r_1$ の②の意味を探ります．

　　　　『a, b の一方が偶数である』　$\cdots\cdots$　$(*)$

が分かれば，P, Q のいずれかが偶数で，

「$P=2p_1, Q=q_1$」または「$P=q_1, Q=2p_1$」

とおけて，おしまいです．

　平方数であることを用いて，$(*)$を示すことを今後の目標にします．

　まとめておきましょう．

・$P^4+Q^4=R^2 \cdots (\#)$

・p, q がともに奇数であるとき，p^4+q^4 は自然数の2乗にならない … (1)

(#) と (1) より P, Q がともに奇数であることはありません．さらに，P と Q は互いに素なので，P, Q がともに偶数であることもありません．

よって，P, Q は1つが偶数で，1つが奇数です．

P, Q のうち偶数である方を $2p_1$，奇数である方を q_1，さらに $R=r_1$ とおくと，

$$p=2p_1q_1r_1,\ (2p_1)^2+(q_1)^2=(r_1)^2$$

となり，$2p_1, q_1$ は互いに素です．

以上で示されました．

(ii) **ヒント** これまでの結果を用いて，(H) から矛盾を導きます．解 $(2p, q, r)$ があれば，新しい解 $(2p_1, q_1, r_1)$ が作れます．

(H) を仮定すると，

$$(2p_0)^4+q_0^4=r_0^2,\ p_0 と q_0 は互いに素$$

を満たす自然数 p_0, q_0, r_0 が存在します． ◁─ 1個目

すると，(i)(D) より，

$$(2p_1)^4+(q_1)^4=(r_1)^2,\ p_1 と q_1 は互いに素$$
$$p_0=2p_1q_1r_1$$

を満たす自然数 p_1, q_1, r_1 が存在します．特に，$p_1 < p_0$ です．　　　②個目

改めて，この p_1, q_1, r_1 に対して（ⅰ）の議論を適用すると，

$$(2p_2)^4 + (q_2)^4 = (r_2)^2,\ p_2 \text{と} q_2 \text{は互いに素}$$
$$p_1 = 2p_2 q_2 r_2$$

を満たす自然数 p_2, q_2, r_2 が存在します．特に，$p_2 < p_1$ です．　　③個目

これを繰り返すと，

$$(2p)^4 + q^4 = r^2,\ p \text{と} q \text{は互いに素}$$

を満たす自然数の組 (p, q, r) が，帰納的に

$$(p_0, q_0, r_0),\ (p_1, q_1, r_1),\ (p_2, q_2, r_2),\ \cdots\cdots$$

と**無数**に構成できて，しかも，

$$p_0 > p_1 > p_2 > \cdots\cdots > 0 \quad \cdots\cdots \quad (\bigstar)$$

です．

◉何か違和感を感じませんか？

p_0 より小さい**自然数**は $p_0 - 1$ 個しかないはずです．しかし，($\bigstar$) では，0 と p_0 の間に自然数が無限に多く入っています．

これは不合理で，仮定（H）が成り立たないことが示されました．

➡ 減少する**自然数**の数列が無限に続くことはありません！

減少する**整数**の数列なら，無限に続くことはあります．

解答ここまで

用いた道具は初等的なものばかりですが，少し長くなるので，自作するのは苦しいかもしれません．

(ii) の論法は「**無限降下法**」と呼ばれることがあります．少し高等な証明法です．流れを再確認しておくと，次のようになります．

1つ解があると仮定
→ それより何らかの意味で"小さい"解が構成できる
→ その方法を無限に繰り返し，どんどん"小さくなる"解が無数に存在する
→ しかし，自然数の性質から，無数に存在してはならない
→ 矛盾

(ii) で矛盾を導く部分は以下のようにしても良いです．

(ii) の別解 ▶▶▶

…（さきほどと同様）…

$$(2p)^4 + q^4 = r^2,\ p と q は互いに素$$

を満たす自然数の組 (p, q, r) が，帰納的に

$$(p_0, q_0, r_0),\ (p_1, q_1, r_1),\ (p_2, q_2, r_2),\ \cdots\cdots$$

と無数に構成できて，しかも，

$$p_0 = 2p_1q_1r_1, \ p_1 = 2p_2q_2r_2, \ p_2 = 2p_3q_3r_3, \cdots\cdots$$

です．p_2 が**偶数**なので，p_1 は 2^2 の**倍数**，p_0 は 2^3 の**倍数**です．

これが**無限に繰り返される**ので，p_0 は**何度でも2で割り切れる自然数**になりますが，そんな**自然数**は存在せず，矛盾です．

→ 何度でも2で割り切れる**自然数**は存在しませんが，**整数**はただ1つ存在します．それは『0』です．

問題23は「フェルマーの最終定理の $n=4$ の場合」を証明するためのものです．

本書の最後に，これを証明しましょう．

フェルマーの最終定理（$n=4$ の場合）

$$a^4 + b^4 = c^4$$

を満たす自然数の組 (a, b, c) は存在しない．

証明

$$a^4 + b^4 = c^4$$

を満たす自然数の組 (a, b, c) が存在すると仮定します．

a, b がともに偶数の場合，c も偶数であり，

$$a = 2A,\ b = 2B,\ c = 2C$$

とおけて,

$$16A^4 + 16B^4 = 16C^4$$
$$\therefore\quad A^4 + B^4 = C^4$$

を満たす自然数の組 $(A,\ B,\ C)$ を得ます．これを繰り返したら，a, b の少なくとも一方が奇数の場合に到達するので，始めからその場合のみ考えれば十分です．

a, b がともに奇数のとき，

$$a^4 + b^4 = (c^2)^2$$

となり，**問題23** (1) に反し，矛盾です．

a, b の一方が偶数 $(2p)$ で，他方が奇数 (q) のとき，

$$(2p)^4 + q^4 = (c^2)^2$$

となり，**問題23** (2) に反し，矛盾です．

「フェルマーの最終定理の $n = 4$ の場合」が示せました．

証明おわり

* * *

補講として入れた第10章ですが，少々難解でしたね．"整数論"の香りだけでも感じてもらえたら幸いです．

あとがき

　灘中入試問題をもとに偉大な数学者の足跡を追うという試みは，算数や数学の垣根を飛び越えて様々な事象を我々に提供してくれました．

　その中で，数学の基本事項のいくつかを丁寧に確認したため，本質的な理解をしていただけたのではないかと思います．

　灘中入試の難問も挙げたので，「小学生がこんな問題を解けるのか!?」と衝撃を受けたことでしょう．また，問題の裏には多くの背景が隠れていることを実感してもらえたでしょう．もちろん，今回の研究が十分ではない部分もあると思います．ですので，今後，整数の勉強をする機会があれば，「あっ，これは灘中のあの問題の背景では？」と感じることがあると思います．そのような人が1人でもいたら，本書の存在意義があるということになります．

　算数や数学の問題を考えることは，ノートと鉛筆だけあればできます．その意味で，算数，数学は最高の遊び道具です．

　しかし，問題を考えるためには，いくつかの基本知識が必要になることがほとんどです．

　「フェルマーの最終定理を証明できたから，見て欲しい」という一般人が，毎年，何人かは大学に現れる，と聞いたことがあります．しかし，「問題の意味が分かっていない」ようなことがほ

とんどで，見る価値のないものばかりだそうです．

　本書を執筆するにあたり，「イメージを伝えるために数学的本質を失う」ということが起こらないように気をつけました．

　多少難解になってでも，証明を添えたのはそのためです．

　直観で数学を把握できるのは重要なことですが，それを正しく表現でき，正しさを検証できることのほうが，もっと重要なのです．

　本書を通じて，数学的な知識に加え，数学に対する姿勢を理解していただけたら幸いです．

研伸館　数学科

吉田　信夫

索　引

[英数字／記号]

!	60
[ ]	10
≡	41
0!	62
limit	205
$\lim_{n\to\infty} S_n$	205
$_m C_n$	60
mod	41
$_m P_n$	60

[あ 行]

オイラー	190
オイラーの関数	150, 181
オイラーの定理	181

[か 行]

階乗	60
ガウス記号	10
限りなく近づく数	207
逆元	56
極限	204
組合せ	59
合同	41
合同式	41

[さ 行]

最短経路	86
周期性	123
循環小数	192
順列	60
小数部分	11
数学的帰納法	50
整数部分	11
総和	146

[た 行]

対称性	67, 72
互いに素	32, 164, 231
多項定理	96
単位分数	144
中国の剰余定理	31
等差数列	22
等差数列の和の公式	22
等比数列の和の公式	147
特殊性	68

[な行]

二項係数 85
二項定理 95

[は行]

背理法..229
パスカルの三角形........................85
ピタゴラス数..............................227
否定の利用.................................161
フェルマーの最終定理...............227
フェルマーの小定理 176
覆面算..195
平方数..228

[ま行]

無限級数 205
無限降下法.................................242
無限個の和.................................205
無限小数 204
無理数..230

[や行]

ユークリッドの互除法.................36
有理数..230
余事象..71
余事象の確率.............................161

[わ行]

ワイルズ 227

〈参考文献〉
整数論について:
1) 高木貞治,初等整数論講義 (第2版),共立出版
   整数論の名著として名高い.より深く学びたい方におすすめ.
2) 木田祐司,初等整数論,朝倉書店
   コンピューター整数論を意識した内容で,プログラムの具体例なども豊富.
3) 栗田哲也/福田邦彦,マスター・オブ・整数 大学への数学,東京出版
   大学入試対策の整数論に関する,最も有名な参考書&問題集.大学入試範囲としては高度な内容も含まれます.

人物像について:
1) 加藤明史,大数学者の数学 ガウス/整数論への道,現代数学社
2) 高橋浩樹,大数学者の数学 オイラー/無限解析の源流,現代数学社
   大数学者の偉業を追う,面白いシリーズです.

編集
◎株式会社アップ

1977年，兵庫県西宮市に設立．
兵庫県西宮市を中心に阪神間と奈良，京都で，幼児から社会人までを対象にした事業を展開しています：

    『研伸館高校生課程』　『研伸館中学生課程』　『進学館』
    『開進館』『個別館』　　『アナップ』
    『サイエンスラボ』　　『研伸館プライベートスクール』
    『こどもカレッジ』　　『レゴ・エデュケーション・センター』
    『CUPS』

新たな教育サービスの形を提案しながら独自の事業展開を進めており，特に，独自開発の遠隔授業システム『E-Lecture』は，「インターネット上に"学校"を開設するためのall in one Package」として「多様化」と「デジタル化」の時代での教育の形を具現化しています．
企業理念："豊かな社会を創る人材を育てる"
教育理念："己を創る　人を創る　未来を創る"

http://www.up-edu.com/

◎研伸館（けんしんかん）

1978年，株式会社アップの大学受験予備校部門として発足（兵庫県　西宮市）．
2011年現在，西宮校，川西校，三田校，上本町校，住吉校，阪急豊中校，学園前校，高の原校，西大寺校，京都校の10校舎を関西地区に展開．東大・京大・阪大・神戸大などの難関国公立大学や早慶関関同立などの難関私立へ毎年多くの合格者を輩出する現役高校生対象の予備校として，関西地区で圧倒的な支持を得ている．

http://www.kenshinkan.net

著者紹介
◎吉田 信夫（よしだ・のぶお）

1977年　広島で生まれる
1999年　大阪大学理学部数学科卒業
2001年　大阪大学大学院理学研究科数学専攻修士課程修了
2001年より研伸館にて，主に東大・京大・医学部などを志望する中高生への大学受験数学を指導する．そのかたわら「大学への数学」，「理系への数学」などでの執筆活動も精力的に行う．

知りたい！サイエンス

ガウスとオイラーの整数論
—中学入試算数が語るもの—

2011年3月25日　初版　第1刷発行
2013年7月25日　初版　第2刷発行

編　集　株式会社アップ　研伸館
著　者　吉田　信夫
発行者　片岡　巌
発行所　株式会社技術評論社
　　　　東京都新宿区市谷左内町21-13
　　　　電話　03-3513-6150　販売促進部
　　　　　　　03-3267-2270　書籍編集部
印刷・製本　港北出版印刷株式会社

定価はカバーに表示してあります

本書の一部、または全部を著作権法の定める範囲を超え、無断で複写、複製、転載、テープ化、ファイルに落とすことを禁じます。

©2011 up

造本には細心の注意を払っておりますが、万が一、乱丁（ページの乱れ）や落丁（ページの抜け）がございましたら、小社販売促進部までお送りください。送料小社負担にてお取り替えいたします。

ISBN978-4-7741-4548-8　C3041
Printed in Japan

●装丁
中村友和（ROVARIS）

●本文デザイン、DTP
有限会社 ハル工房

●イラスト
水口紀美子（ハル工房）